"双碳"目标下石油行业上游板块发展路径及实践

卢 刚 著

北方文艺出版社

哈尔滨

图书在版编目（CIP）数据

"双碳"目标下石油行业上游板块发展路径及实践 / 卢刚著. -- 哈尔滨：北方文艺出版社，2024.6.
ISBN 978-7-5317-6265-2

Ⅰ.X74

中国国家版本馆 CIP 数据核字第 20240MP661 号

"双碳"目标下石油行业上游板块发展路径及实践
"SHUANGTAN" MUBIAO XIA SHIYOU HANGYE SHANGYOU BANKUAI FAZHAN LUJING JI SHIJIAN

作　者 / 卢　刚			
责任编辑 / 李　鑫		封面设计 / 文　轩	
出版发行 / 北方文艺出版社		邮　编 / 150008	
发行电话 / (0451) 86825533		经　销 / 新华书店	
地　址 / 哈尔滨市南岗区宣庆小区 1 号楼		网　址 / www.bfwy.com	
印　刷 / 廊坊市瀚源印刷有限公司		开　本 / 710mm×1000mm　1/16	
字　数 / 200 千		印　张 / 13.25	
版　次 / 2025 年 5 月第 1 版		印　次 / 2025 年 5 月第 1 次印刷	
书　号 / ISBN 978-7-5317-6265-2		定　价 / 68.00 元	

前　言

随着全球气候变化问题的日益严峻，碳达峰、碳中和已经成为各国共同的目标。石油行业作为全球能源行业的重要组成部分，其上游板块的发展面临着巨大的挑战。如何在"双碳"目标下实现石油行业上游板块的可持续发展，成为当前亟待解决的问题。

本书旨在探讨"双碳"目标下石油行业上游板块的发展现状、潜力和挑战，提出新的发展路径和政策建议，为石油行业的可持续发展提供参考。

当前，全球能源行业正面临着传统化石能源供应过剩、清洁能源快速发展以及能源需求结构变化等趋势。随着科技进步和环保意识的提高，清洁能源如太阳能、风能等的发展速度不断加快，对传统化石能源的替代作用日益显现。同时，全球能源消费需求也在发生变化，清洁能源的需求量不断增加，推动了能源结构的转型和升级。

全球能源产业政策主要表现为鼓励清洁能源发展、限制传统化石能源开采和消费、推动能源科技创新等。许多国家出台了一系列相关政策，以鼓励清洁能源的发展，限制传统化石能源的开采和消费，推动能源科技创新，从而实现能源的可持续发展。

国际社会已经就碳达峰、碳中和达成了共识，许多国家已经制定了相应的政策和目标，并积极推进实施。同时，国际社会也在加强合作，推动全球碳减排目标的实现。中国也制定了相应的碳达峰、碳中和目标和政策，并积极推进实施。在石油行业上游板块，中国已经开展了一系列的碳减排措施，如推进节能减排、开展CCUS示范项目等。同时，中国也在积极探索新的发展路径，如推动高质量勘探开发、建设高效清洁供电体系等。

我国油气资源分布特征表现为储量丰富但品质不高、勘探开发难度大等。尽管我国油气资源的储量丰富，但品质不高，勘探开发难度大，需要不断提高技术水平和管理水平。

石油行业上游板块发展现状表现为竞争激烈、环保压力大、技术水平和管理水平有待提高等。随着市场竞争的加剧和环保压力的加大，石油行业上游板块需要不断提高技术水平和管理水平，以实现可持续发展。

石油行业上游板块潜力分析表现为市场前景广阔、技术进步潜力大、资源开发利用效率高等。随着经济的发展和人民生活水平的提高，油气资源的需求量不断增加，市场前景广阔；同时，随着科技的不断进步，油气勘探开发的技术水平也在不断提高，技术进步潜力大；此外，通过提高资源开发利用效率、管理水平等措施可以进一步提高油气资源的开发利用效率。

本书共七章，合计20万字，由中石化新疆新春石油开发有限责任公司的卢刚执笔撰写。由于时间仓促，加之水平有限，难免存在纰漏之处，恳请读者提出宝贵意见。

目 录

第一章　全球能源形势发展现状及趋势 ………………………………… 1

　　第一节　全球能源行业现状 …………………………………………… 1

　　第二节　全球能源消费需求变化趋势 ………………………………… 8

　　第三节　全球能源发展态势 …………………………………………… 13

第二章　国内外碳达峰碳中和形势 ……………………………………… 25

　　第一节　国际碳达峰碳中和形势 ……………………………………… 25

　　第二节　国内碳达峰碳中和形势 ……………………………………… 30

　　第三节　石油行业上游板块碳达峰碳中和形势 ……………………… 37

第三章　石油行业上游板块发展现状及潜力 …………………………… 44

　　第一节　我国油气资源分布特征 ……………………………………… 44

　　第二节　石油行业上游板块发展现状 ………………………………… 48

　　第三节　石油行业上游板块潜力分析 ………………………………… 54

第四章　"双碳"目标下石油行业上游板块发展面临的挑战 ………… 62

　　第一节　石油行业"双碳"目标分解 ………………………………… 62

　　第二节　能源安全和"双碳"目标平衡发展研究 …………………… 67

　　第三节　石油行业上游板块全链碳排放剖析 ………………………… 78

　　第四节　石油行业上游板块绿色转型必要性 ………………………… 89

第五章　"双碳"目标下石油行业上游板块发展新路径 ……………… 97

　　第一节　推动高质量勘探开发，确保核心油气需求供给安全 ……… 97

　　第二节　加大节能减碳改造力度，助力绿色低碳发展 ……………… 102

第三节　源网荷储一体化，构建新型电力系统 ················ 108

　　第四节　统筹多能互补供热体系，推广清洁热能应用 ········ 118

　　第五节　积极拓展共生/伴生资源，打造新的业务增长点 ······ 125

　　第六节　做强CCUS产业链，助力碳中和目标实现 ············ 131

　　第七节　做大"源汇匹配"平台，助力CCUS工业化 ············ 135

第六章　"双碳"目标下油公司可持续发展实践 ················ 142

　　第一节　积极营造绿色、共享的绿色转型企业文化 ·········· 142

　　第二节　打造高水平人员队伍支撑绿色低碳发展 ············ 149

　　第三节　多措并举提高油气资源开发质量 ·················· 158

　　第四节　创新升级持续推动节能降碳改造 ·················· 165

　　第五节　积极探索绿色能源发展之路 ······················ 173

第七章　碳减排政策建议 ·································· 182

　　第一节　碳减排相关政策现状 ···························· 182

　　第二节　碳减排相关政策分析 ···························· 189

　　第三节　碳排放交易政策建议 ···························· 197

参考文献 ·· 204

第一章 全球能源形势发展现状及趋势

第一节 全球能源行业现状

一、全球能源消费结构及分布情况

全球能源消费结构及分布情况是一个复杂而多元的主题，涉及全球各地的经济、文化和政治因素。

（一）全球能源消费结构概述

全球能源消费结构主要由化石燃料、可再生能源和核能等几大类组成。其中，化石燃料主要包括石油、天然气和煤炭，是全球能源消费的主要来源。可再生能源主要包括水力发电、风能、太阳能、生物质能等，是近年来快速发展并逐渐成为全球能源结构的重要组成部分。核能则是一种高效、清洁的能源形式，但由于安全和核废料处理等问题，其发展受到一定限制。

（二）全球能源消费分布情况

全球能源消费分布极不均匀，主要集中在发达国家和发展中的工业化国家。美国、中国、俄罗斯、加拿大等国家是全球主要的能源消费国。其中，美国是全球最大的石油消费国，中国则是全球最大的煤炭消费国。欧洲和亚洲是全球能源消费的主要地区，欧洲的能源消费以石油和天然气为主，而亚洲则以煤炭为主。

(三) 全球能源消费结构的变化趋势

随着全球气候变化问题的日益严重，以及可再生能源技术的快速发展和成本的逐渐降低，全球能源消费结构正在发生变化。可再生能源在全球能源消费结构中的比例正在逐步提高，而化石燃料的比例则逐渐降低。同时，随着中国、印度等发展中国家的工业化进程加快，这些国家的能源消费量也在逐渐增加。

(四) 全球能源消费结构对环境的影响

全球能源消费结构对环境的影响主要表现在以下几个方面：一是大气污染。化石燃料燃烧会产生大量的二氧化碳、硫化物、氮化物等有害气体，这些气体会导致酸雨、光化学烟雾等问题。二是水污染。石油泄漏会导致水体污染，影响水生生物的生存和人类健康。三是土壤污染。煤炭开采和运输过程中会产生大量的废弃物，这些废弃物会污染土壤和水体。四是生态破坏。大规模的能源开采和建设会对生态环境造成破坏，影响生物多样性和生态平衡。

(五) 未来全球能源消费结构的调整方向

未来全球能源消费结构的调整方向主要是向可再生能源转型，以减少对化石燃料的依赖，降低温室气体排放，保护环境。同时，还需要加强能源安全和能源效率的提高，以保障全球经济的可持续发展。

二、全球石油、天然气和煤炭的储量和开采情况

全球石油、天然气和煤炭的储量和开采情况是全球能源领域的重要话题。这些化石燃料是全球能源供应的主要来源，因此其储量和开采情况对全球能源供应的安全和稳定性有着至关重要的影响。

(一) 全球石油储量和开采情况

随着全球经济的发展和人口的增长，石油的需求量逐年增加。然而，不

同地区的石油开采情况存在差异。中东地区的石油开采量最大，其次是北美和俄罗斯。由于中东地区的石油储量巨大，其开采量仅占其总储量的5%，而北美和俄罗斯的开采量已经接近其总储量的10%。这表明不同地区的石油开采速度和程度存在差异。

此外，不同地区的石油储量和品质也影响了其开采成本和利润。中东地区的石油储量虽然丰富，但开采成本较高，且石油品质较差，导致其价格较低。相比之下，北美和俄罗斯的石油品质较好，价格也相对较高。因此，不同地区的石油开采成本和利润存在差异。

（二）全球天然气储量和开采情况

全球天然气储量分布相对广泛，俄罗斯和伊朗等国家拥有丰富的天然气资源。据统计，全球天然气储量约为186万亿立方米，其中俄罗斯的天然气储量约为47.5万亿立方米，约占全球总储量的25%。然而，与石油一样，不同地区的天然气开采成本和品质也存在差异。

全球天然气开采量逐年增加，但不同地区的开采情况存在差异。俄罗斯是全球最大的天然气生产国之一，其开采量约占全球总开采量的20%。然而，由于天然气储量巨大且开采成本较高，许多国家的开采量仍然较低。此外，不同地区的天然气储量和品质也影响了其开采成本和利润。因此，不同地区的天然气开发和利用需要结合其具体情况进行合理规划和布局。

除了俄罗斯，其他国家的天然气储量和开采情况也存在差异。伊朗拥有丰富的天然气资源，但受到国际制裁和政治因素的影响，其开采和出口受到一定限制。卡塔尔是全球最大的液化天然气出口国之一，其天然气储量和开采量逐年增加。此外，美国页岩气产业的发展也使其成为全球重要的天然气生产国之一。

（三）全球煤炭储量和开采情况

全球煤炭储量分布较为广泛，其中美国和中国等国家拥有丰富的煤炭资源。据统计，全球煤炭储量约为1万亿吨，其中美国的煤炭储量约为2500亿吨，约占全球总储量的25%。不同地区的煤炭品质和开采成本也存在差异。

全球煤炭开采量逐年增加，但不同地区的开采情况也存在差异。美国和中国是全球最大的煤炭生产国之一，其开采量约占全球总开采量的40%。然而，由于煤炭开采对环境的影响较大，许多国家已经开始限制或减少煤炭开采。

三、全球新能源的发展现状和趋势

随着全球气候变化和环境问题的日益严重，以及传统能源资源的逐渐枯竭，新能源已经成为全球能源转型的重要方向。

（一）全球新能源的发展现状

1.风电

全球风电市场正处在快速发展的阶段，其潜力巨大，前景广阔。在这个市场中，中国、美国和德国是全球最大的风电市场，而中国的风电装机容量已经超过了美国，成为全球最大的风电装机国家。此外，印度和巴西等新兴市场也在迅速发展风电，展现出了强劲的增长势头。

中国的风电发展一直备受关注，其装机容量已经跃居全球首位。这主要得益于中国政府对清洁能源的大力支持，以及国内风电技术的不断进步。中国风电产业在近年来实现了快速发展，不仅装机容量持续增长，技术水平也在不断提高。同时，中国还积极推动风电产业"走出去"，加强了与全球其他国家的合作。

美国风电市场的发展也不容忽视。美国拥有丰富的风电资源，且政府制定了多项支持政策，吸引了大量的投资。近年来，美国风电装机容量持续增长，尤其是海上风电领域的发展前景十分广阔。

德国作为欧洲最大的经济体之一，其风电市场的发展也备受关注。德国政府对清洁能源的支持力度较大，且国内风电技术水平较高。德国风电产业的发展主要集中在陆上风电领域，同时也在积极探索海上风电的发展潜力。

此外，新兴市场的发展势头也十分强劲。印度和巴西等国家在近年来开始大力发展风电产业，由于其具有广阔的风电资源开发前景和政府的大力支持，吸引了大量的投资和技术支持。这些新兴市场的快速发展为全球风电市场注入了新的活力。

2.太阳能

全球太阳能市场正如火如荼地发展，其中中国和美国是全球最大的太阳能市场。中国的太阳能装机容量已经超越德国，成为全球最大的太阳能装机国家，展示了中国在太阳能领域的强大实力和发展潜力。

中国太阳能市场的快速发展，主要得益于政府对清洁能源的大力支持和国内太阳能技术的不断进步。中国政府在近年来出台了一系列鼓励太阳能发展的政策，包括补贴、税收优惠和可再生能源配额等，为太阳能产业提供了良好的发展环境。同时，中国的太阳能技术也在不断提高，太阳能电池转换效率不断提升，太阳能光伏发电成本持续降低，提高了太阳能市场的竞争力。

美国太阳能市场的发展也不容忽视。美国拥有丰富的太阳能资源，得益于政府对清洁能源的支持力度。近年来，美国太阳能装机容量持续增长，尤其是分布式太阳能领域的发展前景十分广阔。

此外，新兴市场的发展势头也十分强劲。印度、日本和澳大利亚等国家在近年来开始大力发展太阳能产业，吸引了大量的投资和技术支持。这些新兴市场的快速发展为全球太阳能市场注入了新的活力。

3.电动汽车

电动汽车作为新能源领域的重要发展方向之一，随着电池技术的不断进步和政策支持的加强，其普及程度越来越高。全球电动汽车销售量正在快速增长，其中中国和美国是全球最大的电动汽车市场。

中国作为全球最大的汽车市场之一，政府对新能源汽车的支持力度非常大。中国政府通过补贴、税收优惠等政策措施鼓励新能源汽车的研发和推广。同时，中国还加大了对充电基础设施的建设力度，为电动汽车的普及提供了更好的条件。

美国也是电动汽车市场的重要参与者。美国政府将新能源汽车作为国家战略的一部分，通过提供税收优惠等政策支持鼓励消费者购买电动汽车。此外，美国还加大了对充电基础设施的投入，建设了大量的公共充电桩和家庭充电桩，为电动汽车的普及提供了便利。

除了中国和美国，欧洲和日本等传统汽车制造商也在积极推广电动汽车。欧洲汽车制造商在新能源汽车技术方面拥有较为丰富的积累和经验，推出了一系列具有竞争力的电动汽车产品。日本汽车制造商也加快了电动汽车的研发和推广步伐，通过推出新车型和改进现有车型来提高电动汽车的市场份额。

（二）全球新能源的发展趋势

1.多元化能源结构

随着传统能源资源的逐渐枯竭和环境问题的日益严重，全球能源结构正在向多元化方向发展。未来，新能源将在全球能源结构中占据重要地位，而传统能源的重要性将逐渐降低。同时，不同国家和地区之间的能源结构也将呈现差异化，根据自身资源条件和发展需求来选择适合的能源发展路径。

2.技术创新持续推动

随着科技的不断进步和创新能力的提升，新能源领域的技术创新将持续推动新能源产业的发展。未来，新能源产业将更加注重技术创新和研发，以提高能源利用效率、降低成本、提高安全性等方面为重点，推动新能源产业的可持续发展。

3.产业融合与跨界合作

随着新能源产业的快速发展和传统产业的转型升级，新能源产业与其他产业之间的融合和跨界合作将越来越频繁。未来，新能源产业将更加注重与其他产业的融合和合作，推动新能源产业链的发展和完善，实现能源转型和经济结构的转型升级。

4.政策支持力度加大

随着全球气候变化和环境问题的日益严重，各国政府将更加重视新能源产业的发展，并加大对新能源的政策支持力度。未来，政策支持将成为推动新能源产业发展的重要力量，政府将出台一系列扶持政策，包括财政补贴、税收优惠、市场准入等方面，以促进新能源产业的发展和推广应用。

全球新能源的发展现状呈现出多元化、技术进步和政策支持等特征。未来，随着科技的不断进步和创新能力的提升，以及政策支持力度的加大，新能源产业将继续快速发展，并在全球能源结构中占据重要地位。同时，不同国家和地区之间的能源结构也将呈现差异化，根据自身资源条件和发展需求来选择适合的能源发展路径。因此，各国需要加强合作，共同推动新能源产业的发展和推广应用，以应对全球气候变化和环境问题的挑战。

第二节　全球能源消费需求变化趋势

一、经济复苏对能源消费需求的影响

（一）经济增长与能源消费

经济增长与能源消费之间存在着密切的关系。一般来说，经济增长会导致能源消费需求的增加。这是因为经济增长需要各种能源作为支撑，例如电力、石油、天然气等，而这些能源的消耗量与经济增长呈正相关关系。

在经济复苏的时期，企业生产和投资活动增加，人们的生活水平提高，对能源的需求也会相应增加。此外，为了支持经济增长，政府可能会增加基础设施建设和制造业投资，而这些领域都需要大量的能源支持。因此，随着经济复苏的推进，能源消费需求也会随之增加。

（二）产业结构与能源消费

产业结构对能源消费需求有着重要的影响。传统的制造业和重工业对能源的需求较大，而服务业和轻工业对能源的需求相对较小。在经济复苏的过程中，如果服务业和轻工业的比重增加，那么对能源的需求可能会降低。

此外，不同产业在生产过程中使用的能源类型也不同。例如，制造业通常使用电力和石油等能源，而交通运输业则主要使用石油和天然气等能源。因此，产业结构的变化也会对能源消费需求产生影响。

（三）技术进步与能源消费

技术进步是影响能源消费需求的另一个重要因素。随着科技的不断进步和创新能力的提升，新的能源技术和节能技术不断涌现，提高了能源利用效率，降低了能源消耗量。例如，新的发电技术和设备可以降低电力生产的成本和提高发电效率，从而减少对传统能源的需求量。此外，新的节能技术和设备也可以减少企业和居民的能源消耗量。

（四）政策因素与能源消费

政策因素也是影响能源消费需求的另一个重要因素。政府的能源政策和相关法规可以直接影响能源消费需求。例如，政府可以通过提高能效标准和推行节能政策等措施来减少企业和居民的能源消耗量。此外，政府还可以通过投资新能源项目和支持新能源产业发展等措施来促进新能源消费的增长。这些政策措施可以有效地调节能源消费需求的变化。

综上所述，经济复苏对能源消费需求的影响是一个复杂的问题，涉及多个因素和变量。经济增长、产业结构、技术进步和政策因素都会影响能源消费需求的变化。因此，政府和企业需要综合考虑各种因素，制定相应的政策和措施来调节能源消费需求的变化。

二、新型城镇化和人口增长对能源消费需求的影响

（一）新型城镇化对能源消费需求的影响

新型城镇化是指以科学发展观为指导，坚持以人为本、资源节约、环境友好、经济高效等原则，推动城镇化健康发展的过程。随着新型城镇化的推进，能源消费需求也发生了变化。

首先，随着城市化进程的加速，人们对住房、交通、基础设施等需求也随之增加。这些都需要大量的能源支持，例如电力、燃气、石油等。因此，新型城镇化对能源消费需求的增加具有重要作用。

其次，新型城镇化过程中重视资源节约和环境友好，这使得能源利用方式发生了变化。城市规划和建设过程中强调绿色建筑和智能建筑，采用节能技术和设备，提高能源利用效率。同时，城市交通也倡导绿色出行，鼓励公

共交通和低碳出行方式，这在一定程度上减少了能源消费量。

（二）人口增长对能源消费需求的影响

人口增长，已经成为全球社会经济发展的重要趋势之一。随着时间的推移，人口数量的不断增加，能源消费需求也相应增加。这种相互关联的关系，不仅塑造了我们的社会经济格局，还在很大程度上影响了我们对于能源政策的决策和实施。

人口增长对基础设施的需求是显而易见的。随着新家庭的不断诞生，我们需要为他们提供住房、交通和其他必要的基础设施。而这些基础设施的建设，都离不开能源的支持。例如，为了满足人们对于更舒适、更便捷生活的需求，我们需要更多的电力来支持家用电器、照明、空调等设备的使用。同时，交通运输业的发展也需要更多的石油和天然气等能源。因此，人口增长对能源消费需求的增加具有重要作用。

综上所述，新型城镇化和人口增长对能源消费需求的影响十分显著。在推进新型城镇化和人口增长的过程中，我们需要采取有效的措施来降低能源消费需求。

三、全球气候变化和环保政策对能源消费需求的影响

（一）全球气候变化对能源消费需求的影响

全球气候变化主要是由于人类活动导致的大量温室气体排放，从而引发了全球气温上升、海平面上升、极端气候事件增多等问题。这些问题的出现对能源消费需求产生了重要影响。

首先，全球气候变化导致极端气候事件的增多，这使得能源消费需求变得更为不稳定性。例如，暴雨、洪涝、干旱等极端气候事件的发生会严重影响电力、燃气等能源的供应，导致能源消费量的突然增加。此外，极端气候

事件还会导致能源生产设施的损坏，从而影响能源供应的稳定性。

其次，全球气候变化还会影响能源资源的供应。例如，全球气温上升会影响石油、天然气等能源资源的开采和生产，从而影响能源供应的稳定性和成本。此外，海平面上升也会对沿海地区的能源设施产生影响，如核电站和石油、天然气等能源储存设施的安全运行。

（二）环保政策对能源消费需求的影响

环保政策是各国政府为了应对气候变化和环境污染等问题而制定的一系列政策措施。这些政策措施的实施对能源消费需求产生了重要影响。

首先，环保政策可以促进能源结构的转型。例如，政府可以采取可再生能源补贴、碳排放税等措施来鼓励企业和居民使用清洁能源，从而减少对传统化石能源的消费量。此外，政府还可以采取节能政策来提高能源利用效率，从而减少能源消费量。这些政策措施的实施可以有效地促进能源结构的转型，从而减少对传统化石能源的依赖。

其次，环保政策可以增加企业的运营成本。例如，政府可以采取环保标准来限制企业的排放，这会增加企业的运营成本。此外，政府还可以采取碳交易制度等市场化的手段来限制企业的碳排放量，这也会增加企业的运营成本。这些措施的实施会使得企业减少对传统化石能源的使用量，从而影响能源消费需求。

综上所述，全球气候变化和环保政策对能源消费需求的影响十分显著。我们需要采取有效的措施来应对这些挑战，例如加强国际合作、加强公众教育和意识培养等来推动全球能源结构的转型和可持续发展。

四、未来全球能源消费需求的预测和展望

（一）未来全球能源消费需求的预测

未来全球能源消费需求的变化将受到多种因素的影响，包括人口增长、

经济发展、政策变化、技术进步等。根据国际能源署的预测，未来全球能源消费量将呈现稳步增长的趋势，其中可再生能源将成为主导能源之一。同时，随着清洁能源技术的不断发展和应用，可再生能源的占比也将逐渐提高。

具体而言，未来全球能源消费需求的预测包括以下几个方面。

1.石油、天然气等传统化石能源的消费需求将逐渐减少

随着环保政策的实施和清洁能源技术的发展，传统化石能源的地位将逐渐被替代。例如，电动汽车的推广将减少对石油的需求，而太阳能、风能等可再生能源的发展也将减少对传统化石能源的依赖。

2.可再生能源的消费需求将逐渐增加

随着可再生能源技术的不断发展和应用，可再生能源的效率和可靠性得到了显著提高。同时，政府对可再生能源的支持力度也在不断加大，使得可再生能源在未来能源消费结构中的地位将越来越重要。

3.电力消费需求将持续增加

随着经济的发展和人民生活水平的提高，电力消费需求也将持续增加。未来电力消费需求的增长将主要集中在发展中国家和新兴经济体，而发达国家则将更加注重电力结构的优化和能源效率的提高。

（二）未来全球能源消费需求的展望

未来全球能源消费需求的展望将受到多种因素的影响，包括政策环境、技术进步、市场变化等。下面将从几个方面对未来全球能源消费需求的展望进行探讨。

1.清洁能源技术将持续发展

未来清洁能源技术将继续得到发展和应用，包括太阳能、风能、水能、地热能等。随着技术的进步和应用范围的扩大，清洁能源的成本将逐渐降低，效率将不断提高，从而进一步促进清洁能源的发展和应用。

2.智能化和互联网化将成为未来能源发展的趋势

随着物联网、云计算、大数据等技术的发展，未来能源系统将更加智能化和互联网化。智能电网、智能家居等将成为未来能源发展的重点领域，从而提高能源利用效率、减少能源浪费和降低环境污染。

3.多元化能源供应将成为未来能源发展的趋势

未来全球能源供应将更加多元化，包括传统化石能源、清洁能源、核能等。同时，各国也将更加注重国际合作和多元化能源供应的策略，以保证全球能源安全和稳定供应。

4.低碳化将成为未来能源发展的趋势

未来全球能源消费结构将更加低碳化，减少对环境的影响和碳排放量。政府将采取一系列政策措施来促进低碳化的发展，包括限制碳排放量、鼓励低碳技术的研发和应用等。同时，企业也将加强技术创新和投资，提高低碳化水平以适应市场需求和发展趋势。

综上所述，未来全球能源消费需求将继续增加，但同时也会受到多种因素的影响和制约。我们需要采取有效的措施来应对这些挑战和发展趋势。

第三节 全球能源发展态势

一、全球能源互联网的建设和发展

全球能源互联网的建设和发展是一项具有重大战略意义和深远影响的任务，它不仅涉及能源领域的变革，也涉及全球政治、经济、环境等多个方面。下面将从全球能源互联网的背景和意义、现状和挑战、建设和发展的思路和建议等几个方面进行探讨。

（一）全球能源互联网的背景和意义

随着全球经济的发展和人口的增长，能源需求不断增加，而传统能源的供应和环境问题也日益突出。同时，信息技术和智能电网技术的发展，为清洁能源的开发和利用提供了新的机遇。全球能源互联网的建设和发展，可以促进全球能源资源的优化配置，提高能源利用效率，减少环境污染和碳排放，具有重要的战略意义和现实意义。

首先，全球能源互联网可以促进全球清洁能源的开发和利用。通过建设智能电网和推广可再生能源，可以实现对清洁能源的充分开发和利用，减少对传统能源的依赖，从而降低环境污染和碳排放。这对于应对全球气候变化和环境问题具有重要意义。

其次，全球能源互联网可以促进全球能源资源的优化配置。在全球范围内，不同国家和地区的能源资源分布不均衡，能源需求也各不相同。通过建设全球能源互联网，可以实现不同国家和地区之间的能源互补和优化配置，提高能源利用效率，促进全球经济的发展和繁荣。

最后，全球能源互联网可以推动全球政治、经济、环境等多个方面的合作和发展。通过加强国际合作和政策协调，可以促进全球政治稳定和经济繁荣，同时也可以推动全球环境治理和可持续发展。

（二）全球能源互联网的现状和挑战

目前，全球能源互联网的建设和发展还处于初级阶段，面临着许多挑战和问题。首先，各国之间的政治和经济差异较大，难以形成统一的国际合作框架和标准。其次，清洁能源的开发和利用受到技术、经济、环境等多方面的限制，难以实现大规模的应用和推广。再次，基础设施建设需要大量的投资和技术支持，需要各国之间的协调和合作。最后，地缘政治风险也对全球能源互联网的建设和发展带来一定的影响。

（三）全球能源互联网的建设和发展的思路和建议

针对以上挑战和问题，提出以下思路和建议。

1.加强国际合作和政策协调

各国应该加强国际交流和合作，共同制定全球能源互联网建设的国际标准和规范。同时，应该加强政策协调，共同应对全球性的挑战，如气候变化、环保问题等。通过建立国际合作平台和机制，推动全球能源互联网的建设和发展。

2.推动清洁能源的发展和应用

各国应该加强对清洁能源的研究和开发，推动清洁能源技术的创新和应用。同时，应该制定相应的政策和措施，鼓励清洁能源的开发和利用。此外，应该加强智能电网的建设和维护，提高电网的智能化水平和稳定性。

3.加强基础设施建设和投资

基础设施是全球能源互联网建设的重要基础之一。各国应该加强基础设施建设和投资力度，包括电力网络、油气管道、新能源发电设施等。同时，应该加强跨国基础设施建设和合作，促进区域内的能源互补和优化配置。此外，应该鼓励私人和企业投资基础设施建设，提高投资效益和质量。

4.应对地缘政治风险

地缘政治风险是全球能源互联网建设面临的一个重要挑战。各国应该加强沟通和协调，应对地区冲突、政治分歧等风险。同时，应该加强与国际组织和多边机制的合作，推动全球能源互联网建设的和平、稳定和可持续发展。

二、智能电网的建设和发展

智能电网是现代电力系统的重要组成部分，它可以提高电力系统的效率、可靠性和安全性，同时也可以促进新能源的发展和能源结构的优化。下面将从智能电网的背景和意义、现状和挑战、建设和发展的思路和建议等几个方面进行探讨。

（一）智能电网的背景和意义

随着社会经济的发展和人民生活水平的提高，电力需求不断增加，而传统电力系统的运行和管理存在着很多问题，如效率低下、可靠性不高、安全性较差等。同时，随着新能源的发展和能源结构的优化，电力系统的管理也需要更加智能化和高效化。因此，智能电网的建设和发展具有重要的战略意义和现实意义。

首先，智能电网可以提高电力系统的效率。智能电网采用先进的传感器、控制器和通信技术，可以实现对电力系统的实时监测和控制，从而优化电力系统的运行和管理，提高电力系统的效率。

其次，智能电网可以提高电力系统的可靠性。智能电网可以实现电力系统的自动化和智能化管理，从而减少人工干预和错误，提高电力系统的稳定性和可靠性。

最后，智能电网可以促进新能源的发展和能源结构的优化。智能电网可以实现新能源的接入和整合，从而促进新能源的发展和能源结构的优化。这对于应对全球气候变化和环境保护具有重要意义。

（二）智能电网的现状和挑战

目前，智能电网的建设和发展还处于初级阶段，面临着许多挑战和问题。首先，技术方面的问题。智能电网需要采用大量的先进技术，如传感器、控制器、通信技术等，而这些技术的研发和应用还存在着一些技术瓶颈和挑战。其次，经济方面的问题。智能电网的建设需要大量的投资和技术支持，而回报周期较长，对于一些发展中国家来说存在着较大的经济压力。此外，政策方面的问题也对智能电网的建设和发展带来一定的影响。

（三）智能电网的建设和发展的思路和建议

针对以上挑战和问题，提出以下思路和建议。

1.加强技术研发和应用

智能电网需要采用大量的先进技术，因此需要加强技术研发和应用。各国应该加强对智能电网相关技术的研发和支持，推动技术的创新和应用。同时，应该加强国际合作和技术交流，共同解决技术瓶颈和挑战。

2.加强基础设施建设和管理

智能电网的建设需要大量的基础设施和管理支持。各国应该加强基础设施建设和管理力度，包括传感器、控制器、通信设施等。同时，应该加强基础设施的维护和管理，保证其稳定性和安全性。

3.优化能源结构和管理模式

智能电网的建设和发展需要优化能源结构和管理模式。各国应该加强对新能源的开发和利用，促进能源结构的优化。同时，应该加强对电力系统的管理和优化，提高电力系统的效率、可靠性和安全性。此外，应该加强对电力市场的监管和管理，促进电力市场的健康发展。

4.加强国际合作和政策协调

智能电网的建设和发展需要加强国际合作和政策协调。各国应该加强国际交流和合作，共同制定智能电网建设的国际标准和规范。同时，应该加强政策协调，共同应对全球性的挑战，如气候变化、环保问题等。通过建立国际合作平台和机制，推动智能电网的建设和发展。

三、清洁能源技术的发展和应用

随着全球气候变化和环境污染问题的日益严重，清洁能源技术的发展和应用已经成为全球范围内的热门话题。清洁能源技术可以减少化石能源的使用，从而降低温室气体排放和空气污染，同时也可以促进可再生能源的发展和利用。下面将从清洁能源技术的背景和意义、现状和挑战、发展和应用的前景等几个方面进行探讨。

（一）清洁能源技术的背景和意义

随着传统化石能源的枯竭和环境问题的加剧，清洁能源技术逐渐得到了全球范围内的重视和发展。

首先，清洁能源技术可以减少温室气体排放。化石能源的燃烧是全球温室气体排放的主要来源之一，而清洁能源技术可以减少对化石能源的依赖，从而降低温室气体排放。这对于应对全球气候变化和环境保护具有重要意义。

其次，清洁能源技术可以促进可再生能源的发展和利用。可再生能源是可持续的能源，可以源源不断地提供能源服务，同时也可以减少对传统化石能源的依赖。这对于保障全球能源安全和可持续发展具有重要意义。

最后，清洁能源技术可以促进经济和社会发展。清洁能源技术的投资和发展可以带动相关产业的发展，创造就业机会，同时也可以提高能源利用效率，降低能源成本，促进经济和社会的发展。

（二）清洁能源技术的现状和挑战

虽然清洁能源技术的优势明显，但是在实际应用中还存在着一些挑战和问题。首先，技术方面的问题。虽然清洁能源技术已经得到了很大的发展，但是在一些领域中还需要进一步研发和技术创新。例如，太阳能电池板的效率、风力发电的稳定性等还需要进一步改进。其次，经济方面的问题。虽然清洁能源技术的成本在逐渐降低，但是在一些领域中还需要更多的投资和技术支持。例如，海上风电的建设和维护成本较高，需要更多的资金支持。此外，政策方面的问题也对清洁能源技术的发展和应用带来一定的影响。例如，一些国家的政策缺乏连续性和稳定性，导致投资者对清洁能源技术的投资信心不足。

（三）清洁能源技术的发展和应用的前景

尽管存在一些挑战和问题，但是清洁能源技术的发展和应用前景仍然非常广阔。首先，随着技术的不断进步和创新，清洁能源技术的效率和可靠性会不断提高，成本也会逐渐降低，这将进一步推动清洁能源技术的发展和应用。其次，随着环保意识的增强和政策的支持，企业和个人对清洁能源技术的接受程度将不断提高，这将为清洁能源技术的发展和应用提供更广阔的市场空间。此外，随着全球气候变化和环境污染问题的日益严重，清洁能源技术的发展和应用将成为全球范围内的必然趋势。

综上所述，清洁能源技术的发展和应用具有重要的战略意义和现实意义。虽然目前还存在着一些挑战和问题，但是随着技术的不断进步和创新、环保意识的增强和政策的支持等，清洁能源技术的发展和应用前景仍然非常广阔。我们应该加强对清洁能源技术的研发和支持力度，推动清洁能源技术的发展和应用，为应对全球气候变化和环境污染问题、保障全球能源安全和可持续发展做出更大的贡献。

四、全球能源发展的未来趋势和挑战

随着全球人口的增长、经济的发展和工业化进程的加速，能源需求不断增长，而能源结构和环境问题也日益突出。未来，全球能源发展将面临一系列的趋势和挑战。下面将从能源需求、能源结构、技术创新、政策法规、资源短缺和气候变化等几个方面进行探讨。

（一）能源需求

随着全球人口的增长和经济的不断发展，能源需求也呈现出了持续增长的态势。据国际能源署的预测，到2050年，全球能源需求将增长30%以上，其中大部分的增长将来自发展中国家。随着人们对生活质量和环境质量的日益提高，清洁、高效、可再生的能源也受到了越来越多的关注和青睐。未来的能源需求将呈现出多元化、清洁化、高效化和低碳化的趋势。

首先，能源需求的多元化是未来能源市场的显著特点。传统的石油、煤炭等化石能源的消费比例将逐渐降低，而清洁、高效、可再生的能源如太阳能、风能、水能、地热能等将在能源消费结构中占据越来越重要的地位。同时，核能作为一种清洁、高效的能源，也将在未来的能源市场中占据一席之地。

其次，清洁化是未来能源发展的重要方向。随着环境保护意识的提高，各国政府和企业都将加大力度推广清洁能源，以减少对环境的污染和破坏。例如，中国政府已经提出了"绿色发展"理念，并计划到2030年左右，可再生能源将占到能源消费的25%左右。

再次，高效化是未来能源利用的重要手段。通过技术创新和设备更新，提高能源利用效率，减少能源浪费，是未来能源发展的重要方向。例如，智能电网、储能技术等的应用，可以提高电力系统的效率，降低电力损耗。此外，节能减排也是提高能源利用效率的重要手段，例如推广节能灯具、加强建筑保温性能等。

最后，低碳化是未来能源发展的必然趋势。随着全球气候变化的加剧，各国政府和企业都将加大力度推广低碳化能源，以减少温室气体排放。例如，中国政府已经提出了"碳达峰"和"碳中和"的目标，即到2030年左右，单位国内生产总值的二氧化碳排放将比2005年下降20%左右，2060年左右达到碳中和的目标。此外，国际社会也在积极推动低碳化能源的发展，例如通过碳交易市场等手段来促进清洁能源的发展。

在未来的能源发展中,多元化、清洁化、高效化和低碳化将是相辅相成的。只有通过多元化、清洁化、高效化和低碳化的综合发展,才能实现可持续的能源发展目标。同时,这也需要各国政府、企业和个人的共同努力和参与。政府需要制定更加严格的环保政策和法规,并提供相应的支持和鼓励;企业需要加大技术创新和设备更新力度,提高能源利用效率并推广清洁能源;个人也需要从自身做起,节约用能、减少碳排放并选择使用清洁能源。只有全社会共同努力,才能实现可持续的能源发展目标,为人类社会的可持续发展做出更大的贡献。

(二)能源结构

目前,全球的能源结构主要由化石能源构成,如石油、煤炭和天然气等。这些化石能源在全球能源供应中占据了主导地位,但随着环境问题的日益加剧和清洁能源技术的不断发展,未来的能源结构将逐渐向清洁能源转变。根据国际能源署的预测,到2050年,可再生能源将成为全球主要的能源来源之一,而传统化石能源的使用将逐渐减少。同时,核能也将成为重要的能源来源之一。此外,氢能等新型能源也将逐渐进入人们的视野。

首先,可再生能源将成为未来能源结构的重要组成部分。太阳能、风能、水能、地热能等可再生能源被认为是清洁、高效、可再生的能源,它们不会像化石能源一样消耗地球有限的资源,也不会产生大量的二氧化碳等温室气体,对环境造成污染。随着技术的不断发展,可再生能源的效率和稳定性也在不断提高,使得它们成为未来清洁能源结构中的重要组成部分。

其次,核能也将成为未来重要的能源来源之一。核能是一种清洁、高效的能源,它不会排放任何温室气体,而且可以提供大量的能源供应。虽然核能的发展存在一些安全和环境问题,但是随着技术的不断进步和核能安全性的提高,这些问题将逐渐得到解决。因此,核能将在未来的能源结构中占据重要的地位。

再次，氢能等新型能源也将逐渐进入人们的视野。氢能是一种清洁、高效的能源，它可以被用作燃料电池的能源，也可以用于生产和储存能量。随着技术的不断发展，氢能的效率和安全性也在不断提高，使得它成为未来清洁能源结构中的重要组成部分。

同时，我们也需要看到，实现清洁能源的广泛应用需要解决一些技术和政策问题。首先，我们需要提高清洁能源的效率和稳定性，以满足不同领域和不同时间段的需求。其次，我们需要制定合理的政策和法规，以鼓励清洁能源的发展和应用。例如，政府可以提供补贴和税收优惠等政策支持，企业可以加强技术创新和设备更新等措施。

另外，我们还需要加强环保意识的教育和宣传，以提高公众对环保和清洁能源的认识和重视程度。只有让更多的人了解清洁能源的重要性和优势，才能更好地推动清洁能源的发展和应用。

（三）技术创新

为了应对全球能源和环境问题，技术创新在未来将扮演至关重要的角色。随着科技的不断进步，我们有望看到越来越多的创新技术应用于能源领域，不仅将推动清洁能源的发展，同时也会提高能源利用效率和安全性。

首先，太阳能电池板效率的提高将是未来技术创新的重点之一。目前，太阳能电池板的效率已经达到了一定的水平，但科学家们仍在不断努力，研发出更高效、更廉价的太阳能电池板。通过新材料和新工艺的研发，我们有望看到太阳能电池板的效率得到进一步提升，使得太阳能成为一种更具有竞争力的可再生能源。

其次，风力发电技术的改进也将是未来技术创新的重要方向。风力发电是一种清洁、可再生的能源，但风力发电的效率和稳定性一直是人们关注的焦点。未来，随着新材料和新工艺的研发，风力发电机的叶片将更加轻盈、坚固，能够更好地捕捉风能，提高风力发电的效率和稳定性。此外，随着大数据和人工智能技术的应用，风力发电的预测和管理也将更加精准和智能化。

再次，储能技术的突破将是未来技术创新的重要领域之一。储能技术能够将可再生能源储存起来，以便在需要时使用，解决可再生能源不稳定的问题。未来，随着新型储能材料的研发和电池技术的进步，储能设备的体积将更小、容量将更大、充电速度将更快。这将使得储能技术在家庭、工业和电力系统中得到更广泛的应用，进一步推动清洁能源技术的发展和应用。

同时，我们还需要看到，技术创新在推动清洁能源发展的同时，也需要政策和市场的支持。政府可以通过提供补贴和税收优惠等政策支持，鼓励企业和个人使用清洁能源。同时，政府也可以制定相关法规和标准，规范清洁能源市场的发展和应用。此外，企业和个人也可以通过加强环保意识的教育和宣传，提高对环保和清洁能源的认识和重视程度。

（四）政策法规

政策法规是推动能源发展和应用的重要手段之一。未来，各国政府将制定更加严格的能源政策法规，以促进清洁能源的发展和应用。例如，一些国家已经制定了可再生能源比例要求、碳排放税等政策，以鼓励清洁能源的发展和应用。此外，国际合作也是推动能源发展的重要手段之一，各国可以通过合作共同推动清洁能源技术的发展和应用。

（五）资源短缺

随着能源需求的增长和资源消耗的增加，资源短缺问题也将成为未来能源发展的重要挑战之一。一些资源如石油、天然气等是不可再生的资源，而另一些资源如稀土元素等则是稀缺资源。未来，需要通过提高资源利用效率、开发新型替代资源等手段来解决资源短缺问题。

（六）气候变化

气候变化是全球面临的重要挑战之一，而能源消费是导致气候变化的主要原因之一。未来，需要采取更加积极的措施来减少温室气体排放，如推广清洁能源、提高能效等。同时，也需要加强适应气候变化的措施，如建设防洪设施、发展低碳交通等。

综上所述，全球能源发展的未来将面临一系列的趋势和挑战。未来，需要采取积极的措施来应对这些挑战，以实现可持续的能源发展。这需要政府、企业和公众的共同努力和支持，通过技术创新、政策法规、资源管理和气候变化应对等手段来实现可持续的能源发展目标。

第二章　国内外碳达峰碳中和形势

第一节　国际碳达峰碳中和形势

一、国际社会对碳达峰碳中和的共识和行动

碳达峰和碳中和是当前全球应对气候变化和推动绿色发展的重要议题。国际社会对此已经形成了广泛的共识，并正在采取积极的行动。

（一）国际社会对碳达峰和碳中和的共识

1.气候变化是人类共同面临的全球性挑战，需要全球共同应对

气候变化的影响已经逐渐显现，包括海平面上升、极端天气事件频繁发生、生态系统遭受破坏等，对人类的生存和发展都带来了极大的威胁。因此，国际社会普遍认识到，应对气候变化是全球性的任务，需要各国共同行动，采取更加积极的措施。

2.碳达峰和碳中和是应对气候变化的重要目标

碳达峰是指各国在某一时间点达到碳排放量的峰值，之后逐步降低碳排放量；碳中和则是指各国通过减少碳排放和增加碳汇等方式，实现二氧化碳排放与吸收之间的平衡。这两个目标被认为是在未来实现全球碳中和的重要步骤，也是推动绿色低碳发展的重要方向。

3.实现碳达峰和碳中和需要各国共同努力

虽然不同国家在碳排放水平和经济发展水平上有差异，但应对气候变化是全球性的任务，需要各国共同参与和努力。各国需要在政策制定、技术创

新、资金投入等方面加强合作，共同推动全球碳减排和碳中和的实现。

（二）国际社会对碳达峰和碳中和的行动

1.国际组织和多边合作机制的推动

联合国气候变化框架公约（UNFCCC）是推动全球气候治理的重要平台，各国在 UNFCCC 下已经形成了广泛的合作机制。此外，G20、APEC 等国际组织和多边合作机制也在推动全球碳减排和碳中和方面发挥了积极作用。

2.各国政府制订碳达峰和碳中和计划

许多国家已经制订了碳达峰和碳中和计划，明确了自己国家的减排目标和时间表。例如，中国提出了"双碳"目标，即碳达峰和碳中和目标，计划到 2030 年前达到碳排放峰值，并力争到 2060 年实现碳中和。欧盟也提出了"绿色新政"（Green Deal），旨在通过实现碳中和、资源的高效利用和生态环境的保护，推动欧洲绿色转型。美国拜登政府上台后也提出了"美国清洁能源革命"计划，旨在通过发展清洁能源和推广电动汽车等方式，减少碳排放并实现碳中和目标。

3.企业和金融机构的参与

企业和金融机构在实现碳达峰和碳中和目标中也扮演着重要角色。一些大型跨国公司已经开始采取积极措施，减少自己的碳排放。例如，一些能源企业和制造业巨头已经开始投资研发清洁能源技术，推广电动汽车等低碳产品和服务。同时，一些金融机构也已经开始将气候变化因素纳入投资决策中，推动绿色金融的发展。

4.社会公众的参与

社会公众在实现碳达峰和碳中和目标中也发挥着重要作用。一些民间组织和个人通过开展环保活动、推广低碳生活活动等方式，积极参与到应对气候变化的行动中。此外，一些科研机构和高校也在积极开展低碳技术和政策研究，为推动全球碳减排和碳中和提供智力和技术支持。

（三）面临的挑战

虽然国际社会已经形成了广泛的共识并采取了积极行动来推动碳达峰和碳中和目标的实现，但仍面临着一些挑战和困难。

1.技术难题

实现碳达峰和碳中和需要大量的技术创新和研发，包括清洁能源技术、碳捕获和储存技术等。然而，这些技术的研发和应用仍面临着一些技术难题和市场障碍，需要加强研究和投入。

2.经济转型困难

实现碳达峰和碳中和需要推动经济转型，包括产业结构调整、能源结构优化等。然而，这需要大量的资金投入和技术支持，同时也面临着就业转型和社会福利等方面的挑战。

二、国际碳交易市场的发展现状与趋势

随着全球气候变化问题日益严重，碳减排成为各国共同的责任和使命。碳交易市场作为实现碳减排目标的重要手段，已经得到了广泛的关注和认可。

（一）国际碳交易市场概述

碳交易市场是指以碳排放权为交易对象的金融市场。在《京都议定书》的框架下，各国政府设定了碳排放限额，并允许企业通过市场交易来调整碳排放权的需求和供应。通过建立碳交易市场，可以有效降低碳排放成本，提高减排效率，进而减缓全球气候变化。

（二）国际碳交易市场发展现状

1.欧盟碳交易市场

欧盟是全球最早建立碳交易市场的区域，也是全球最大的碳交易市场之一。欧盟碳交易市场采用了总量控制与交易机制相结合的方式，通过对发电、

工业和航空等领域的碳排放进行限制,实现了温室气体的减排。自2005年启动以来,欧盟碳交易市场的交易量和交易额一直保持增长态势。截至2020年,欧盟碳交易市场的年交易额已超过600亿欧元。

2.北美碳交易市场

北美碳交易市场主要由美国和加拿大两个国家组成。美国是全球第二大碳交易市场,其碳交易市场主要集中在加州和东北部地区。加州是美国最大的碳交易市场,其总量控制与交易机制与欧盟类似。此外,美国还建立了芝加哥气候交易所,推动自愿减排市场的建设。加拿大也建立了自己的碳交易市场,包括蒙特利尔气候交易所和西部气候交易所等。

3.中国碳交易市场

中国是全球最大的碳排放国家之一,也是全球最重要的碳交易市场之一。中国政府高度重视碳减排工作,并积极推动国内碳交易市场的建设。自2013年起,中国开始在深圳、北京、上海等城市开展碳排放权交易试点工作。2017年,中国政府宣布建立全国统一的碳排放权交易市场,并制定了《碳排放权交易管理暂行条例》。截至2020年,中国碳交易市场的年交易额已超过20亿元人民币。

(三)国际碳交易市场发展趋势

1.全球统一碳市场形成

随着全球气候变化问题的加剧,各国政府将加强合作,推动全球统一碳市场的形成。全球统一碳市场将有助于提高减排效率,降低减排成本,并促进全球经济的可持续发展。目前,一些国际组织和国家已经开始探讨全球统一碳市场的建设方案,未来有望实现全球范围内的碳排放权交易。

2.创新型碳金融产品涌现

随着碳交易市场的不断发展,创新型碳金融产品也将不断涌现。这些产品将包括更多的投资选择和风险管理工具，以满足不同投资者的需求。例如，碳基金、碳保险、碳证券等金融产品将在市场中占据重要地位。此外，基于区块链技术的碳资产管理系统也将得到广泛应用，提高碳资产管理的效率和透明度。

3.跨界合作将成为主流

未来，跨界合作将成为国际碳交易市场的主流趋势。政府、企业、金融机构和非政府组织等各方将加强合作，共同推动碳减排目标的实现。例如，政府将制定更加严格的碳排放标准，企业将积极参与低碳技术的研发和应用。同时，金融机构将为低碳项目提供更多的融资支持，而非政府组织将发挥监督和推动作用。通过跨界合作实现资源共享和优势互补将有助于推动全球碳减排事业的发展。

4.技术进步助力减排效率提升

随着科技的不断进步和发展，低碳经济成为全球共识，低碳技术的研发和应用将成为未来国际碳交易市场的重要趋势之一。例如，MOFs材料在捕获固定CO_2方面具有独特优势，其合成方法简单且多样性，这些优点使得MOFs材料在固定CO_2方面具有很好的应用前景。MOFs材料可被用于构建高效吸附剂来捕获固定CO_2，从而减少大气中的CO_2浓度达到碳中和的目的。

5.碳价逐步上升

随着全球气候变化问题的加剧，碳排放权的价值将逐渐上升。各国政府将逐步收紧碳排放标准，使得碳排放权的供给逐渐减少，而需求则逐渐增加。这将导致碳价逐步上升，成为企业和国家关注的焦点。

6.金融机构将发挥更大作用

随着碳交易市场的不断发展和完善，金融机构将在市场中发挥更大的作用。例如，银行、保险公司和证券公司等金融机构将为碳交易提供更多的支持和保障，包括资金、风险管理和投资咨询等方面。此外，金融机构还将积极参与低碳项目的投资和融资，推动低碳经济的发展。

7.碳交易平台将更加多元化

未来，国际碳交易市场将更加多元化，包括更多的交易平台和交易方式。例如，除了传统的集中式交易平台外，还将出现更多的分散式交易平台和在线交易平台。这些平台将提供更加便捷和高效的交易服务，促进碳交易市场的发展。

8.碳交易市场将与国际政治经济关系密切相连

国际碳交易市场的发展将与国际政治经济关系密切相连。各国政府将在国际谈判和合作中积极推动碳减排目标的实现，并通过制定贸易壁垒和优惠待遇等方式来促进本国碳交易市场的发展。此外，国际碳交易市场还将与国际贸易体系相互影响，推动全球经济的可持续发展。

总之，未来国际碳交易市场将呈现出多元化、跨界合作和技术进步等趋势。这些趋势将有助于推动全球碳减排事业的实现和发展，低碳经济对于企业和国家来说具有重要意义。

第二节　国内碳达峰碳中和形势

一、我国碳达峰碳中和战略目标的提出与意义

（一）战略目标的提出

我国在 2020 年 9 月 22 日提出了碳达峰碳中和的目标，这是我国应对全球气候变化的重要举措之一。随着全球气候变化的加剧，各国都在积极采取措施减少碳排放，以减缓气候变化的影响。我国作为全球最大的碳排放国家

之一，提出碳达峰碳中和的目标，不仅是对全球气候变化的积极响应，也是我国实现可持续发展和绿色发展的内在要求。

碳达峰是指到2030年前，我国二氧化碳等温室气体的排放量达到峰值，之后逐年下降。这一目标的实现需要我国在能源结构、产业结构、交通结构等方面进行深度调整和转型升级。通过加强清洁能源的开发利用，推广节能环保技术，发展循环经济等措施，实现碳排放量的减少和环境的改善。

碳中和是指到2060年，我国通过植树造林、节能减排等方式，实现二氧化碳等温室气体的吸收量与排放量相等，达到零排放的目标。这一目标的实现需要我国在能源结构、产业结构、交通结构等方面进行全面优化和升级。通过加强森林建设、推广绿色建筑和绿色出行等措施，实现碳排放量的减少和环境的改善。

（二）战略目标的意义

1.推动可持续发展

碳达峰碳中和目标是我国可持续发展战略的重要组成部分。通过控制碳排放，可以减少对环境的负面影响，保护自然生态系统的平衡。同时，也可以促进能源结构的调整，推动清洁能源的发展，提高能源利用效率，实现可持续发展。

2.推动绿色低碳发展

碳达峰碳中和目标是我国绿色低碳发展的重要引领。通过控制碳排放，可以推动企业加强技术创新和节能减排，促进绿色产业的发展。同时，也可以引导消费者更加注重环保和节能，推动绿色消费的发展。

3.促进全球气候治理

碳达峰碳中和目标是我国参与全球气候治理的重要体现。我国是全球第二大经济体和第一大碳排放国，在全球气候治理中具有重要地位。通过实现碳达峰碳中和目标，可以展现我国应对气候变化的决心和行动，为全球气候治理注入强大动力。

4.促进经济转型升级

碳达峰碳中和目标是我国经济转型升级的重要推动力。通过控制碳排放，可以促进传统产业的升级和转型，推动新兴产业的发展。同时，也可以引导企业更加注重科技创新和品牌建设，提高产品质量和市场竞争力。

（三）实现碳达峰碳中和目标的关键措施

1.加强科技创新和节能减排

企业是实现碳达峰碳中和目标的重要主体。企业应该加强科技创新和节能减排，提高能源利用效率，减少碳排放。同时，政府也应该加大对企业的扶持力度，鼓励企业开展节能减排和清洁能源的开发利用。

2.推广清洁能源和绿色消费

清洁能源是实现碳达峰碳中和目标的重要途径。政府应该加大对清洁能源的推广力度，鼓励企业和消费者选择清洁能源。同时，消费者也应该注重环保和节能，选择绿色消费产品和服务。

3.加强国际合作和交流

全球气候治理需要各国的共同努力。我国应该加强与国际社会的合作和交流，共同应对气候变化挑战。同时，也应该积极开展与其他国家的交流和合作，分享经验和做法，推动全球气候治理的进程。

碳达峰碳中和目标的提出是我国应对全球气候变化的重要举措，也是我国实现可持续发展和绿色发展的内在要求。通过加强科技创新和节能减排、推广清洁能源和绿色消费以及加强国际合作和交流等措施，可以实现碳达峰碳中和目标，为全球气候治理注入强大动力。同时，也需要在实践中不断探索和完善相关政策和措施，以应对各种挑战和风险。

二、我国碳达峰碳中和政策措施及实践情况

随着全球气候变化问题日益严重，各国纷纷提出碳达峰和碳中和的目标，以应对气候变化带来的挑战。中国作为全球最大的碳排放国家之一，也提出了碳达峰、碳中和的目标，这是我国应对气候变化、推动绿色低碳发展的重要举措。

（一）我国碳达峰碳中和政策措施

1.顶层设计

我国政府高度重视碳达峰碳中和工作，制定了一系列政策和规划，如《国家应对气候变化规划（2014—2020年）》等，明确了碳达峰碳中和的目标和路线图。

2.产业结构调整

通过淘汰落后产能、推动产业升级和转型，发展高附加值、低能耗、低排放的产业。同时，政府加大了对新能源、节能环保等产业的支持力度。

3.能源结构调整

我国政府积极推动清洁能源的发展，加大了对风电、太阳能等清洁能源的投资和开发力度。同时，政府也加强了对煤炭等传统能源的清洁利用和节能减排。

4.碳排放权交易

我国政府建立了全国统一的碳排放权交易市场，通过市场化的手段控制碳排放。

（二）我国碳达峰碳中和实践情况

1.能源结构调整

我国政府在能源结构调整方面取得了显著成效。近年来，我国风电、太

阳能等清洁能源的装机容量和发电量持续增长，传统能源的比重逐渐下降。同时，政府也加大了对煤炭等传统能源的清洁利用和节能减排的力度。

2.企业节能减排

我国企业积极响应政府号召，加强了节能减排工作。许多企业采用了先进的节能技术和设备，提高了能源利用效率，减少了碳排放。同时，政府也加大了对企业的扶持力度，鼓励企业开展节能减排和清洁能源的开发利用。

3.城市可持续发展

我国一些城市积极推动可持续发展，通过建设绿色建筑、发展公共交通等方式，减少了碳排放。同时，政府也加大了对城市绿色发展的支持力度。

4.森林碳汇

我国政府加大了对森林保护和植树造林的力度，通过森林碳汇的方式减少了碳排放。同时，政府也鼓励企业和个人参与森林保护和植树造林活动。

（三）结论与展望

我国在碳达峰碳中和领域已经取得了一定的成绩，但仍面临着诸多挑战和问题。未来，我们需要继续加强政策措施的制定和实施，推动产业结构调整和能源结构优化，加强科技创新和国际合作，提高公众的环保意识和参与度。同时，我们也需要认识到碳达峰碳中和是一个长期的过程，需要持续努力和投入。只有这样，我们才能实现碳达峰碳中和的目标，为全球气候治理做出贡献。

三、我国碳达峰碳中和面临的主要问题与挑战

（一）我国碳达峰碳中和面临的主要问题

1.产业结构不合理

我国产业结构以重工业为主，高能耗、高排放的行业占比过大，导致碳

排放量居高不下。同时，新兴产业和服务业的发展相对滞后，对低碳经济发展的支撑作用不足。

2.能源结构不合理

我国能源结构以煤炭为主，清洁能源的发展相对滞后。虽然近年来我国加大了对风电、太阳能等清洁能源的投资和开发力度，但占比仍然较低。

3.技术水平落后

我国在低碳技术方面相对落后，尤其是在新能源技术、节能技术等方面与发达国家存在较大差距。这使得我国在实现碳达峰碳中和的过程中缺乏核心技术和竞争力。

4.资金投入不足

实现碳达峰碳中和需要大量的资金投入，包括研发、设备采购、技术改造等方面。然而，由于我国经济发展水平相对较低，政府和企业的资金投入有限，难以满足实现碳达峰碳中和所需的资金需求。

5.政策体系不完善

虽然我国政府已经制定了一系列政策和规划来推动碳达峰碳中和的实现，但政策体系仍不完善，政策执行和监管力度也存在不足。同时，还存在一些政策壁垒和体制机制问题，制约了低碳经济的发展。

（二）我国碳达峰碳中和面临的挑战

1.国际压力

全球气候变化问题已经成为国际关注的焦点，各国纷纷提出碳达峰和碳中和的目标。然而，由于国际气候治理进程的复杂性和不确定性，我国在实现碳达峰碳中和的过程中面临着国际压力和挑战。

2.技术壁垒

在低碳技术方面，发达国家对我国的封锁和技术壁垒现象较为普遍。这使得我国在实现碳达峰碳中和的过程中缺乏必要的技术支持和帮助。

3.经济压力

实现碳达峰碳中和需要大量的资金投入，这给政府和企业带来了较大的经济压力。特别是在经济下行时期，实现碳达峰碳中和的任务更加艰巨。

4.社会认知

虽然我国政府已经加强了碳达峰碳中和的宣传教育，但公众对气候变化问题的认知程度仍然较低，低碳意识和环保意识有待提高。

5.国际合作

实现全球气候治理需要国际合作和共同努力。然而，在国际合作方面，各国之间的分歧和矛盾较多，难以形成统一的行动框架和合作机制。

（三）结论与建议

我国在实现碳达峰碳中和的过程中面临着产业结构、能源结构、技术水平、资金投入和政策体系等方面的问题和挑战。为了解决这些问题和挑战，我们提出以下建议。

1.优化产业结构

加大对高能耗、高排放行业的调整和改造力度，发展新兴产业和服务业，优化产业结构，降低碳排放强度。

2.推动能源结构调整

加大对清洁能源的投资和开发力度，提高清洁能源在总能源中的占比。同时，加强煤炭清洁利用和节能减排工作。

第三节 石油行业上游板块碳达峰碳中和形势

一、石油行业上游板块碳排放现状及问题

石油行业是全球碳排放的主要来源之一，尤其在上游板块，由于勘探、开发、生产等过程中大量使用化石燃料，导致碳排放量较高。我国作为全球最大的石油生产国之一，石油行业上游板块的碳排放问题也日益突出。

（一）我国石油行业上游板块碳排放现状

1.碳排放量较大

我国石油行业上游板块的碳排放量较大，主要是由于勘探、开发、生产等过程中大量使用化石燃料，如石油、天然气等。据统计，我国石油行业每年的碳排放量占全国碳排放总量的较大比例。

2.碳排放强度较大

我国石油行业上游板块的碳排放强度也较高，即每吨石油产出的二氧化碳排放量较大。这主要是由于我国石油生产过程中使用的设备、技术等方面与发达国家存在一定差距。

3.碳排放管理不完善

目前，我国石油行业上游板块的碳排放管理还存在不完善的问题。一方面，缺乏完善的碳排放监测和计量体系，导致无法准确掌握碳排放数据和情况；另一方面，缺乏有效的碳排放控制和减排措施，导致碳排放量难以得到有效控制。

（二）我国石油行业上游板块碳排放存在的问题

1.技术水平落后

我国石油行业上游板块的设备、技术等方面与发达国家存在一定差距，导致生产过程中的碳排放强度较高。同时，在新能源技术、节能技术等方面的发展也相对滞后，缺乏核心技术和竞争力。

2.资金投入不足

实现碳达峰碳中和需要大量的资金投入，包括研发、设备采购、技术改造等方面。然而，由于我国经济发展水平相对较低，政府和企业的资金投入有限，难以满足实现碳达峰碳中和所需的资金需求。

3.政策体系不完善

虽然我国政府已经制定了一系列政策和规划来推动碳达峰碳中和的实现，但政策体系仍不完善，政策执行和监管力度也存在不足。同时，还存在一些政策壁垒和体制机制问题，制约了低碳经济的发展。

4.国际合作不足

实现全球气候治理需要国际合作和共同努力。然而，在国际合作方面，各国之间的分歧和矛盾较多，难以形成统一的行动框架和合作机制。同时，由于技术封锁和技术壁垒现象的存在，也使得我国在实现碳达峰碳中和的过程中缺乏必要的技术支持和帮助。

（三）结论与建议

我国石油行业上游板块的碳排放问题比较严重，存在较大的环境和气候变化风险。为了解决这些问题，我们提出以下建议。

1.提高技术水平

加大对新能源技术、节能技术等方面的研发和投资力度，提高技术水平，降低生产过程中的碳排放强度。同时，加强与发达国家的技术交流和合作，引进先进的技术和设备。

2.加大资金投入

政府和企业应加大对碳达峰碳中和的资金投入力度，包括研发、设备采购、技术改造等方面。同时，引导社会资本进入低碳领域，推动低碳经济的发展。

3.完善政策体系

政府应加强碳达峰碳中和相关政策和规划的制定和执行力度，建立完善的碳排放监测和计量体系，推动重点领域和行业的低碳转型。同时，应打破政策壁垒和体制机制问题，激发市场活力和创造力。

二、石油行业上游板块碳达峰碳中和政策措施及实践情况

随着全球气候变化问题日益严重，各国纷纷提出碳达峰和碳中和的目标，以推动经济向低碳转型。作为全球最大的石油生产国之一，我国石油行业上游板块的碳排放问题也备受关注。为了实现碳达峰和碳中和的目标，我国政府制定了一系列政策和措施，以推动石油行业上游板块的低碳转型。

（一）政策措施

1.制定碳达峰和碳中和目标

我国政府提出了碳达峰和碳中和的目标，要求石油行业上游板块在规定的时间内实现碳排放峰值，并在2060年实现碳中和。这一目标为石油行业上游板块的低碳转型提供了明确的方向和时间表。

2.碳排放权交易机制

我国建立了碳排放权交易机制，通过市场化的手段来推动企业降低碳排放。在碳排放权交易机制下，石油企业需要购买碳排放权，以获得相应的排放配额。这一机制可以激励企业采取低碳技术和措施，以降低碳排放量。

3.节能减排技术推广

我国政府加大了对节能减排技术的研发和推广力度,鼓励石油企业采用先进的节能技术和设备,以降低生产过程中的碳排放量。同时,政府还对采用清洁能源的企业给予一定的补贴和税收优惠政策。

4.低碳转型示范区建设

我国政府在一些地区建立了低碳转型示范区,以推动这些地区的低碳经济发展。在示范区内,政府为企业提供了一系列的政策支持和资金扶持,鼓励企业采用低碳技术和模式进行生产和经营。

(二)实践情况

1.实施碳捕捉和利用技术

一些石油企业已经开始实施碳捕捉和利用技术,以降低生产过程中的碳排放量。例如,中国石油长庆油田采用碳捕捉和利用技术,将生产过程中的二氧化碳进行捕获和利用,用于油田的增产和注水开发等方面,取得了较好的效果。

2.推广清洁能源

一些石油企业开始推广清洁能源,以降低碳排放量。例如,中国石油在新疆地区建设了大量的风电和光电项目,替代传统的化石能源,以降低碳排放量。此外,一些企业还积极探索氢能等新型清洁能源的应用。

3.实施资源综合利用

一些石油企业开始实施资源综合利用,将生产过程中的废弃物进行回收和再利用,以降低碳排放量。例如,中国石油在一些油田实施了采出水回注技术,将采出的地下水进行回注,避免了地下水的浪费和污染。此外,一些企业还实施了废气回收和再利用技术,将废气进行回收和再利用,降低了碳排放量。

4.探索智能化技术应用

一些石油企业开始探索智能化技术在生产和运营中的应用，以提高生产效率和管理水平，同时也降低了碳排放量。例如，中国石油在一些油田实施了智能化油田管理技术，通过智能化手段对油田的生产和运营进行管理和优化，提高了生产效率和管理水平。

（三）结论与建议

总体来看，我国石油行业上游板块在推动碳达峰和碳中和方面取得了一定的进展和成效。然而，还需要进一步加大力度和措施的落实，以加快实现碳达峰和碳中和的目标。建议如下。

（1）加大对低碳技术和模式的研发和推广力度，鼓励企业采用先进的节能减排技术和管理模式；

（2）进一步优化能源结构，加大对清洁能源的开发和应用力度；

（3）强化政策引导和激励，推动企业积极采取低碳措施，例如加大对低碳技术和模式的研发和推广力度，提供税收优惠、补贴等政策支持；

（4）加强国际合作，共同应对全球气候变化问题。石油行业是一个全球性的行业，需要加强国际合作，共同推动碳达峰和碳中和的目标实现。

三、石油行业上游板块碳达峰碳中和未来发展趋势和挑战

石油行业上游板块是全球能源产业的重要组成部分，其碳排放量巨大，对全球气候变化产生重要影响。随着全球对气候变化问题的关注度不断提高，石油行业上游板块需要采取更加积极的措施，以实现碳达峰和碳中和的目标。

（一）石油行业上游板块碳达峰碳中和未来发展趋势

1.低碳转型成为行业重要发展方向

随着全球气候变化问题的日益严峻，低碳转型已经成为石油行业上游板

块的重要发展方向。未来，该行业将更加注重可再生能源、清洁能源的开发和利用，以减少对传统化石能源的依赖，降低碳排放量。同时，行业还将加大对低碳技术和模式的研发和推广力度，以推动整个行业的低碳转型。

2.行业将加强与其他领域的合作

石油行业上游板块的低碳转型不仅需要自身的努力，还需要与其他领域的合作。未来，该行业将加强与政府、科研机构、企业等各方的合作，共同推动低碳技术和模式的研发和应用，实现碳达峰和碳中和的目标。

3.智能化技术将得到广泛应用

智能化技术是石油行业上游板块未来发展的重要趋势之一。通过应用智能化技术，可以优化生产流程、提高生产效率、降低能源消耗和碳排放量。未来，该行业将加大对智能化技术的研发和应用力度，以推动整个行业的智能化发展。

4.绿色金融将发挥重要作用

绿色金融是推动石油行业上游板块低碳转型的重要手段之一。未来，该行业将加大对绿色金融的投入和应用力度，通过绿色信贷、绿色债券等方式，为低碳技术和模式的研发和应用提供资金支持。同时，行业还将积极探索绿色保险等创新型金融工具的应用，以降低低碳转型的风险和成本。

（二）石油行业上游板块碳达峰碳中和面临的挑战

1.技术创新不足

虽然低碳转型已经成为石油行业上游板块的重要发展方向，但是在实际操作中仍然存在一些技术难题和瓶颈。目前，该行业的低碳技术和模式尚处于不断探索和研发阶段，尚未形成成熟、高效的技术体系。这使得该行业在低碳转型过程中面临着技术创新不足的挑战。

2.资金投入不足

低碳转型需要大量的资金投入和支持。目前，石油行业上游板块的低碳技术和模式的研发和应用尚处于初级阶段，需要大量的资金投入和支持。然而，由于受到全球经济形势的影响以及行业自身特点的限制，该行业在资金投入方面存在一定的困难和挑战。

3.政策支持不足

政府政策是推动石油行业上游板块低碳转型的重要手段之一。然而，目前各国政府在政策支持方面还存在一定的不足之处。例如，一些国家缺乏对低碳能源的政策支持和鼓励措施；一些地区的环保法规和标准尚未得到有效执行等。这些因素都限制了该行业低碳转型的进程和效果。

4.市场竞争激烈

石油行业上游板块市场竞争激烈，尤其是在传统化石能源领域。一些传统能源企业为了维护自身利益，可能会采取一些手段来阻碍新兴清洁能源的发展和应用。这使得该行业在低碳转型过程中面临着市场竞争的挑战。

石油行业上游板块实现碳达峰和碳中和目标需要全行业共同努力，采取综合性的措施和管理模式，以推动整个行业的低碳转型。未来该行业将面临一系列的机遇和挑战，需要采取更加积极的态度和措施来应对气候变化问题，推动整个行业的可持续发展。

第三章 石油行业上游板块发展现状及潜力

第一节 我国油气资源分布特征

一、我国油气资源类型与分布

中国是世界上油气资源十分丰富的国家。由于地质构造和沉积盆地的差异，我国的油气资源分布具有显著的地域特征。以下将详细介绍我国油气资源的类型和分布情况。

（一）油气资源类型

1.石油资源

我国的石油资源主要分布在塔里木盆地、准噶尔盆地、鄂尔多斯盆地、渤海湾盆地等地区。其中，塔里木盆地的库车地区和塔中地区、准噶尔盆地的东部和西部、鄂尔多斯盆地的陕北地区以及渤海湾盆地的辽河油田和华北油田等地区是我国石油资源最为丰富的地区。

2.天然气资源

我国的天然气资源也主要分布在塔里木盆地、准噶尔盆地、鄂尔多斯盆地、四川盆地等地区。其中，塔里木盆地的塔中地区和库车地区、准噶尔盆地的东部和西部、鄂尔多斯盆地的陕北地区以及四川盆地的川南地区等是我国天然气资源最为丰富的地区。

3.煤层气资源

煤层气是一种与煤炭伴生的非常规天然气，也是一种重要的油气资源。

我国的煤层气资源主要分布在晋陕内蒙古地区的侏罗纪煤田和淮南地区的二叠纪煤田。其中，晋陕内蒙古地区的侏罗纪煤田是我国煤层气资源最为丰富的地区。

（二）油气资源分布特点

1.分布不均

我国的油气资源分布不均，主要集中在几个大型的沉积盆地和煤田中。这些地区的地质条件和沉积环境适宜，有利于油气的生成和聚集。而其他地区则相对缺乏油气资源。

2.西部多东部少

我国的油气资源分布呈现出明显的西部多、东部少的特征。西部地区的塔里木盆地、准噶尔盆地、鄂尔多斯盆地等地区拥有丰富的石油和天然气资源，而东部地区的渤海湾盆地、东海海域等地区的油气资源则相对较少。这种分布特点与地质构造和沉积环境的差异有关。

3.海洋资源潜力大

我国的海洋油气资源潜力巨大，特别是在南海和东海海域。这些地区拥有广阔的海域和丰富的地质资源，经过多年的勘探开发，已经发现了多个大型油气田。未来，海洋油气资源的开发将成为我国能源发展的重要方向之一。

二、油气资源开采状况

（一）油气开采状况

目前，我国的油气开采主要以国有企业为主导，如中国石油、中国石化、中国海油等。这些企业在国内进行勘探、开发、生产、加工、销售等环节，同时也在海外进行投资和合作。我国的油气开采技术不断提高，已经实现了从陆地到海洋、从浅层到深层等多个领域的开采。

在石油开采方面,我国主要依赖于陆地油田的开采。近年来,随着勘探技术的不断进步,我国陆地油田的开采量逐年增加。同时,海洋油田的开采也在逐步推进,尤其是在渤海湾、南海等地区,已经发现了多个大型油田。

在天然气开采方面,我国主要依赖于陆地气田的开采。近年来,随着需求的不断增加,我国陆地气田的开采量也在逐年增加。同时,海洋气田的开采也在逐步推进,尤其是在南海等地区,已经发现了多个大型气田。

(二)面临的挑战

尽管我国的油气开采技术已经取得了长足的进步,但仍然面临着一些挑战。首先,随着油气资源的不断开采,储量逐渐减少,开采难度越来越大。其次,环境污染问题也需要引起重视,油气开采过程中可能会对环境造成一定的影响。此外,国际油价的不稳定也对国内油气开采市场带来了一定的影响。

三、油气资源开发的技术进步与趋势

随着全球经济的发展和人口的增长,油气资源在能源供应中的地位日益重要。在过去的几十年里,科技的进步推动了油气勘探和开采技术的不断创新和发展。这些技术进步不仅提高了油气资源的开采效率,还降低了开采成本,从而提高了全球油气资源的供应能力。

(一)油气资源开发的技术进步

1.勘探技术

近年来,地球物理学、地质学等学科的发展为油气勘探提供了新的理论和方法。利用这些理论和方法,可以更精确地预测油气资源的分布情况,提高勘探的成功率。例如,地震勘探技术、重磁电勘探技术、测井技术等都得到了广泛应用。

2.钻井技术

钻井技术是油气资源开发的关键技术之一。近年来,钻井技术不断得到改进和创新,包括旋转钻井、冲击钻井、定向钻井等。这些技术的应用,提高了钻井效率,降低了钻井成本,同时也为深层油气资源的开采提供了可能。

3.采油技术

采油技术是油气资源开发的重要环节。近年来,水力压裂技术、化学驱油技术、热力采油技术等得到了广泛应用。这些技术的应用,提高了采油效率,降低了采油成本,同时也为复杂地质条件下的油气开采提供了可能。

(二)油气资源开发的未来发展趋势

1.非常规油气资源的开发

非常规油气资源是指难以用传统技术开采的油气资源,如页岩气、煤层气等。随着科技的不断进步,非常规油气资源的开采技术也在不断发展。未来,非常规油气资源的开发将成为全球油气资源供应的重要来源。

2.海洋油气资源的开发

海洋是全球最大的油气资源基地之一,但受限于技术和环境等因素,海洋油气资源的开发一直较为缓慢。随着深海钻井技术、海底采油技术等的发展,海洋油气资源的开发将迎来新的发展机遇。未来,海洋油气资源的开发将成为全球油气资源供应的重要增长点。

3.数字化和智能化技术的应用

数字化和智能化技术是未来油气资源开发的重要趋势之一。通过应用数字化和智能化技术,可以实现油气田的远程监控和管理,提高生产效率和管理水平。同时,数字化和智能化技术还可以为油气田的可持续发展提供支持,如优化资源配置、降低环境污染等。未来,数字化和智能化技术的应用将成为油气资源开发的重要趋势之一。

第二节　石油行业上游板块发展现状

一、石油勘探与开发情况

石油是当今世界最重要的能源之一，对全球经济和政治格局具有深远的影响。随着科技的不断进步，石油勘探和开发技术也在不断发展，推动了全球石油工业的持续发展。

（一）石油勘探与开发概述

石油勘探是指通过科学手段，寻找并确定地下是否存在石油资源的过程。石油开发则是在发现石油资源后，通过钻井、采油等手段，将石油开采出来的过程。石油勘探和开发是石油工业的基础环节，对整个石油工业的发展具有至关重要的作用。

（二）石油勘探与开发现状

1.全球勘探与开发格局

目前，全球石油勘探和开发主要集中在中东、北美和俄罗斯等地区。其中，中东地区拥有世界上最丰富的石油资源，但受限于各种因素，石油开发难度较大；北美地区拥有成熟的石油工业体系和技术，但随着老油田的枯竭，新油田的开发难度也在逐渐增大；俄罗斯拥有丰富的石油资源，但由于政治和经济等因素，国际投资和开发合作受到一定限制。

2.中国勘探与开发现状

中国是全球最大的石油消费国之一，但自身石油资源相对匮乏。近年来，中国加大了对海外石油资源的开发力度，与多个国家开展了石油勘探和开发合作。同时，中国也在积极推动新能源产业的发展，以降低对传统能源的依赖。

二、油气田技术服务与开发模式

在石油和天然气工业中,油气田技术服务与开发模式对于油气田的成功开发和经济效益具有至关重要的作用。随着科技的不断进步和市场竞争的加剧,油气田技术服务与开发模式也在不断发展和创新。

(一)油气田技术服务概述

油气田技术服务是指为油气田开发提供技术支持和服务的业务领域。主要包括地球物理勘探、钻井工程、油气开采、储运销售等多个环节的技术服务。这些技术服务旨在提高油气田的开发效率和产量,降低开发成本和风险。

(二)油气田技术服务现状

1.全球油气田技术服务市场概述

全球油气田技术服务市场呈现出稳步增长的趋势,市场规模不断扩大。随着全球能源需求的增加和石油工业的发展,油气田技术服务市场的前景十分广阔。目前,全球油气田技术服务市场的主要参与者包括哈利伯顿、贝克休斯、斯伦贝谢等公司。

2.中国油气田技术服务市场概述

中国是全球最大的油气消费国之一,但自身油气资源相对匮乏。因此,中国积极开展海外油气田技术服务业务,并与多个国家开展合作。同时,中国也在积极推动新能源产业的发展,以降低对传统能源的依赖。中国的油气田技术服务市场也在不断扩大,但与国际先进水平仍存在一定差距。

(三)油气田开发模式概述

油气田开发模式是指油气田开发的组织方式和管理模式。根据不同的开发阶段和资源条件,油气田开发模式可分为传统开发模式和非常规开发模式。传统开发模式是指以常规油气资源为主的开发模式,非常规开发模式则是指以非常规油气资源为主的开发模式。

（四）油气田开发模式现状

1.传统开发模式现状

传统开发模式在全球范围内应用广泛，以常规油气资源为主要开发对象。这种开发模式的优点是技术成熟、成本较低，但随着老油田的枯竭和环保要求的提高，传统开发模式的局限性也越来越明显。

2.非常规开发模式现状

随着科技的不断进步，非常规油气资源的开采技术也在不断发展。非常规开发模式的优点是能够提高油气资源的利用率和经济效益，但需要更高的技术要求和更大的投资。目前，美国是全球非常规油气资源开发最为活跃的国家之一，中国也在积极推动非常规油气资源的开发。

（五）油气田技术服务与开发模式的趋势和发展方向

1.技术创新持续推动

随着科技的不断进步和创新，油气田技术服务与开发模式将迎来更多的技术创新和发展机遇。未来，油气田技术服务将更加注重数字化、智能化技术的应用，提高生产效率和管理水平。同时，新型材料和新能源技术的引入也将为油气田开发带来更多的可能性。

2.环保要求日益提高

随着全球环保意识的不断提高和政策的日益严格，油气田技术服务与开发模式的环保要求也将日益提高。未来，油气田技术服务将更加注重环保技术的应用和创新，减少对环境的污染和破坏。同时，绿色能源和低碳经济的发展也将为油气田开发带来更多的机遇和挑战。

3.合作共赢成为主流

随着全球化的不断深入和市场竞争的日益激烈，油气田技术服务与开发模式的合作共赢将成为未来发展的主流。这种趋势不仅反映了全球化带来的经济、政治和技术的变革，也体现了油气行业对提高效率、降低成本以及推动技术进步的追求。

首先，从全球化的角度来看，国际合作和交流在油气田技术服务领域将更加重要。由于全球各地的油气资源分布、地质条件和开发环境各不相同，因此，油气田技术服务需要针对不同地区和不同类型油气田进行定制化。通过国际合作和交流，油气公司可以引入先进的技术和管理经验，提高开发效率和降低成本，同时也为当地经济发展做出贡献。

其次，从市场竞争的角度来看，合作共赢将成为主流。在全球化的大背景下，各国油气公司都需要拓展市场和资源，以增强自身的竞争力和可持续发展能力。通过多方合作，油气公司可以实现资源共享、优势互补，提高开发效率和降低成本，同时也可以共同应对市场风险和挑战。

再次，从技术进步的角度来看，多方合作和共同发展将成为油气田开发的重要趋势之一。随着科学技术的不断进步和创新，油气田技术服务也需要不断地更新和升级。通过多方合作和共同发展，油气公司可以加快技术研发和应用的速度，提高开发效率和降低成本，同时也为推动全球能源行业的可持续发展做出贡献。

综上所述，随着全球化和市场竞争的加剧，油气田技术服务与开发模式的合作共赢将成为主流。未来，油气公司需要注重国际合作和交流，推动技术进步和创新，同时也需要采取多方合作和共同发展的策略，以提高开发效率和降低成本，实现可持续发展。

三、石油上游板块产业链结构与特点

（一）石油上游板块产业链结构

石油上游板块的产业链主要包括以下几个环节。

1. 地质勘探

地质勘探是石油上游板块的起点，主要任务是寻找新的油气田。地质勘探的技术和方法包括地震勘探、地层勘探、岩心勘探等。通过这些技术，可以了解地下岩层的分布、性质和变化情况，从而判断是否有油气田存在。

2. 钻井工程

钻井工程是石油上游板块的重要环节，主要任务是钻探油气井，获取地下岩心样本和地层数据。钻井工程的技术和方法包括钻井设备、钻井液、钻头等。通过这些技术，可以钻探出高质量的油气井，为油气田的开发提供基础数据。

3. 油气开发

油气开发是石油上游板块的核心环节，主要任务是通过提高采收率和技术措施，将地下油气资源开采出来。油气开发的技术和方法包括水驱、聚合物驱、气驱等。通过这些技术，可以提高油气田的采收率，减少资源浪费和环境污染。

4. 油气生产

油气生产是石油上游板块的终端环节，主要任务是将地下油气资源通过管道运输到炼油厂或其他用户手中。油气生产的技术和方法包括油气分离、脱硫、压缩等。通过这些技术，可以将油气资源转化为可用的能源和化工原料。

（二）石油上游板块的特点

1.高风险性

石油上游板块具有高风险性。由于油气资源的不可再生性和地下条件的复杂性，石油上游板块的投资和开发面临着较大的风险。在地质勘探和钻井工程中，可能会出现多种不可预见的地质风险和技术风险，导致投资失败或开发成本过高。

2.高技术性

石油上游板块具有高技术性。在地质勘探、钻井工程、油气开发等环节中，需要应用多种复杂的地质学、物理学、化学等技术。同时，还需要不断进行技术创新和研发，以适应地下条件的变化和环保要求的提高。

3.高投入性

石油上游板块具有高投入性。由于油气资源的开发和生产需要大量的资金投入，尤其是在非常规油气资源的开发中，需要更高的技术和资金支持。因此，石油上游板块的投资和开发需要具备强大的资金实力和技术支持。

4.长期性

石油上游板块具有长期性。油气资源的开发和生产是一个长期的过程，需要经过多个阶段和环节。在开发和生产过程中，还需要持续进行维护和管理，确保油气田的稳定生产和效益最大化。因此，石油上游板块的投资和开发需要具备长远的战略眼光和持续的投资管理能力。

石油上游板块是整个石油产业链的起点，对于整个石油产业的发展具有重要的意义。由于其具有高风险性、高技术性、高投入性和长期性的特点，石油上游板块的投资和开发需要具备强大的资金实力、技术支持和战略眼光。同时，随着环保要求的提高和市场竞争的加剧，石油上游板块也需要不断进行技术创新和研发，以适应市场的变化和满足社会的需求。

第三节　石油行业上游板块潜力分析

一、国内外油气市场需求与发展趋势

全球油气市场是一个复杂而又动态的市场，受到多种因素的影响，包括政治、经济、环境、技术等。近年来，随着全球经济的复苏和增长，油气市场也呈现出逐步上升的趋势。然而，市场波动性仍然较大，受到价格波动、政策变化、地缘政治风险等因素的影响。

（一）国内外油气市场需求

1.国内市场需求

我国是全球最大的能源消费国之一，对油气资源的需求量巨大。随着国内经济的持续发展和工业化进程的加快，油气消费量将继续保持增长。特别是在电力、交通、化工等领域，油气消费量增长较快。同时，随着环保政策的加强和能源结构的调整，对清洁能源的需求也在逐步增加。

2.国外市场需求

全球油气市场一体化程度不断提高，国际市场对油气资源的需求量也持续增长。特别是在新兴市场国家，随着经济的发展和城市化进程的加快，对油气资源的需求量越来越大。同时，发达国家也在不断寻求能源结构的调整和清洁能源的发展，对油气资源的需求量也在逐步增加。

（二）国内外油气市场发展趋势

1.多元化能源供应

随着全球经济的发展和环保意识的提高，多元化能源供应成为未来发展的重要趋势。包括清洁能源、可再生能源等在内的多元化能源供应将逐步取

代传统化石能源的主导地位，成为未来能源供应的主要来源。

2.油气勘探和开发向深水等领域拓展

随着技术的发展和成本的降低，油气勘探和开发将逐步向深水、极地等领域的拓展。这些领域具有较大的开发潜力和市场前景，将成为未来油气供应的重要来源。

3.油气产业链一体化发展

油气产业链的一体化发展将成为未来发展的重要趋势。从上游的勘探开发到下游的炼油化工等环节，将实现有机衔接和协同发展。同时，油气产业将与其他产业实现融合发展，形成更加完整的产业链条。

4.数字化和智能化技术的应用

数字化和智能化技术的应用将成为未来油气产业发展的重要趋势。这些技术可以提高油气产业的效率和降低成本，同时也可以提高油气产业的安全性和环保性。未来，数字化和智能化技术将在油气产业的各个环节得到广泛应用。

国内外油气市场需求与发展趋势是复杂而又动态的过程，受到多种因素的影响。未来，国内外油气市场将呈现出多元化能源供应、向深水等领域拓展、产业链一体化发展、数字化和智能化技术的应用等发展趋势。这些趋势将对全球油气产业的发展产生深远的影响，同时也将对国内外的能源供应和需求产生重要的影响。因此，我们需要密切关注市场动态，及时调整战略和政策，以适应市场的变化和满足社会的需求。

二、我国油气资源开发的挑战与机遇

（一）我国油气资源开发现状

我国是一个能源消费大国，同时也是一个能源生产大国。在我国，油气资源在能源供应中占据着重要的地位。然而，随着经济的快速发展和能源需求的不断增长，油气资源的供应压力也越来越大。目前，我国的油气资源开发面临着一些挑战，同时也存在着一些机遇。

（二）我国油气资源开发的挑战

1.油气资源品质低，开发难度大

我国大部分油气田的品质较低，主要分布在东北、西北等地区，开发难度较大。这些地区的地质条件复杂，需要先进的开采技术和管理手段才能有效开发。同时，由于品质低，这些油气田的开采成本也较高，给企业的经营带来了很大的压力。

2.国际竞争激烈，资源获取难度大

随着全球油气市场的开放和竞争的加剧，我国在获取国际油气资源方面面临着很大的挑战。国外一些大型石油公司拥有先进的技术和资金优势，能够以更低的价格获取油气资源，给我国企业带来了很大的竞争压力。

3.环保和安全问题日益突出

油气资源的开发过程中会对环境造成一定的影响，例如土地污染、水资源污染等。同时，由于油气资源的特殊性，开发过程中也存在一定的安全风险。这些问题的日益突出，给我国的油气资源开发带来了很大的挑战。

（三）我国油气资源开发的机遇

1.政策支持力度加大

近年来，国家加大了对油气资源开发的政策支持力度，通过加大投资、优化资源配置等手段，鼓励企业加强技术创新和产业升级，推动油气产业的健康发展。

2.新技术的推广和应用

随着科技的不断进步，一些新技术的推广和应用为我国的油气资源开发带来了很大的机遇。例如，数字化和智能化技术的应用可以提高油气产业的效率和降低成本；新型钻井技术的推广可以降低开采难度和成本；环保技术的推广可以减少对环境的影响等。这些新技术的推广和应用可以为我国的油气资源开发带来更多的机遇。

3.国内市场的需求增长

随着国内经济的持续发展和工业化进程的加快，油气消费量将继续保持增长。特别是在电力、交通、化工等领域，油气消费量增长较快。同时，随着环保政策的加强和能源结构的调整，对清洁能源的需求也在逐步增加。这些需求的增长为我国的油气资源开发提供了更多的机遇。

（四）结论和建议

我国油气资源开发面临着一些挑战，但同时也存在着很多机遇。为了更好地应对挑战和抓住机遇，我们需要采取以下措施。

（1）加强技术创新和产业升级，提高油气产业的竞争力和降低成本。

（2）优化资源配置，提高油气资源的利用效率和效益。

（3）加强国际合作，提高我国企业在国际市场上的竞争力。

（4）注重环保和安全问题，推动绿色发展和安全生产。

三、石油行业上游板块技术创新与前景展望

（一）石油行业上游板块技术创新

1.数字化和智能化技术的应用

数字化和智能化技术的应用已经成为石油行业上游板块的重要发展方向。通过引入大数据、人工智能等技术，可以实现地质勘探、钻井、生产等环节的智能化和自动化，提高工作效率和降低成本。例如，利用人工智能技术进行地质勘探，可以更精确地预测油气藏的分布和储量，减少勘探时间和

成本。

2.新型钻井技术的应用

新型钻井技术是石油行业上游板块的另一个重要技术创新方向。传统的钻井技术效率低下，成本高昂，而且对于复杂的地质条件往往束手无策。而新型钻井技术，如定向钻井、水平钻井等，可以在复杂的地质条件下实现高效、低成本的钻井作业。例如，水平钻井技术可以大幅度提高油气井的产量和采收率，同时降低开发成本。

3.环保和可持续发展的技术应用

随着环保意识的提高和可持续发展的要求，石油行业上游板块的技术创新也必须考虑环保和可持续发展。例如，利用清洁能源如太阳能、风能等代替传统的化石能源进行勘探和生产，可以降低碳排放和环境污染。此外，采用循环经济模式进行油气田的开发，可以实现资源的高效利用和环境的可持续发展。

（二）石油行业上游板块前景展望

1.市场需求持续增长

随着全球经济的发展和人口的增长，对石油和天然气的需求将继续保持增长。特别是在新兴市场国家，随着工业化进程的加快和城市化水平的提高，对能源的需求将会大幅度增加。因此，石油行业上游板块的市场需求将继续保持增长。

2.技术创新推动产业升级和发展

随着科技的不断进步和创新，石油行业上游板块将会迎来更多的发展机遇。数字化、智能化等技术的应用将会进一步提高工作效率和降低成本，新型钻井技术将会解决复杂地质条件下的开发难题，环保和可持续发展技术的应用将会推动石油产业的绿色发展。技术创新将会推动石油行业上游板块的产业升级和发展。

3.国际合作与竞争将进一步加强

随着全球油气市场的开放和竞争的加剧,国际合作与竞争将进一步加强。各国石油公司之间的合作将会更加紧密,同时竞争也将更加激烈。在这种情况下,我国石油公司需要加强技术创新和产业升级,提高自身竞争力,积极参与国际合作与竞争。

(三)结论和建议

石油行业上游板块的技术创新和前景展望对于整个行业的发展具有重要意义。未来需要加强技术创新和产业升级,提高工作效率和降低成本;加强国际合作与竞争,提高自身竞争力;注重环保和可持续发展,推动绿色发展。同时建议政府和企业加大对石油行业上游板块的支持力度,提供更加优惠的政策和服务支持其发展。

四、低碳发展对石油上游板块的影响与应对策略

(一)低碳发展与石油上游板块的关系

低碳发展是一种以低能耗、低排放、低污染为基础的发展模式,是全球应对气候变化的重要手段。石油行业作为全球最大的能源生产行业之一,其上游板块对碳排放和气候变化有着重要影响。随着低碳发展的推进,石油上游板块的发展面临着巨大的挑战和机遇。

(二)低碳发展对石油上游板块的影响

1.政策影响

随着全球低碳发展的推进,各国政府将加强对碳排放的限制和监管,对石油上游板块的开采和生产提出了更高的要求。例如,一些国家已经开始实施碳税制度,对高碳排放的行业进行惩罚,这将对石油上游板块的利润产生

负面影响。此外，一些国家还出台了禁止或限制高碳排放行业的政策，这将对石油上游板块的发展产生更大的影响。

2.市场影响

随着低碳发展的推进，全球能源市场将逐渐向清洁能源转型。传统能源如石油和煤炭的需求将会逐渐减少，而清洁能源如太阳能、风能等的需求将会增加。这将导致石油上游板块的市场份额逐渐减少，利润下降。同时，随着全球气候变化的影响加剧，各国对气候变化的关注度将提高，对高碳排放行业的抵制也将增强，这将对石油上游板块的市场前景产生负面影响。

3.技术影响

低碳技术的发展将对石油上游板块的技术创新和升级产生重要影响。随着清洁能源技术的不断发展和成熟，传统能源技术的效率和环保性也需要不断提高。这将对石油上游板块的技术创新和升级提出更高的要求，同时也为其提供了新的发展机遇。

（三）石油上游板块的应对策略

1.加强技术创新和升级

石油上游板块应加强技术创新和升级，提高传统能源技术的效率和环保性，同时积极探索和发展清洁能源技术。通过技术创新和升级，可以提高石油上游板块的竞争力，适应低碳发展的要求，实现可持续发展。

2.优化生产流程和管理方式

石油上游板块应优化生产流程和管理方式，降低生产过程中的能源消耗和碳排放，提高生产效率和管理效率。通过优化生产流程和管理方式，可以降低生产成本和管理成本，提高企业的竞争力。

3.加强国际合作与交流

石油上游板块应加强国际合作与交流，了解国际低碳发展的趋势和要求，学习其他国家和企业的先进技术和经验。通过国际合作与交流，可以促进技术创新和升级，提高企业的竞争力，同时也可以增强与其他国家和企业的合作关系，为未来的发展做好准备。

低碳发展对石油上游板块的影响不可忽视，该行业必须采取积极的应对策略来适应低碳发展的要求。通过加强技术创新和升级、优化生产流程和管理方式、加强国际合作与交流等措施，可以增强石油上游板块的竞争力，实现可持续发展。同时，政府和企业也应加大对石油上游板块的支持力度，提供更加优惠的政策和服务支持其发展。

第四章 "双碳"目标下石油行业上游板块发展面临的挑战

第一节 石油行业"双碳"目标分解

一、"双碳"目标的含义

双碳，即碳达峰与碳中和的简称。实现碳达峰、碳中和，是以习近平同志为核心的党中央统筹国内国际两个大局做出的重大战略决策，是着力解决资源环境约束突出问题、实现中华民族永续发展的必然选择，是构建人类命运共同体的庄严承诺。

二、石油行业"双碳"目标的制定与实施路径

石油行业是全球能源领域的重要一环，也是实现"双碳"目标的关键领域之一。下面将探讨石油行业"双碳"目标的制定与实施路径。

（一）背景介绍

石油是一种重要的能源来源，也是全球经济发展的重要支撑。然而，随着全球气候变化的加剧，石油行业的碳排放量成为人们关注的焦点。因此，石油行业制定并实施"双碳"目标，对于推动全球能源转型、应对气候变化具有重要意义。

（二）制定"双碳"目标

石油行业"双碳"目标的制定需要考虑多个方面。首先，要明确目标的具体内容，包括碳排放量的减少比例、可再生能源的利用比例等。其次，要制定实现目标的路线图和时间表，明确每个阶段的任务和目标。最后，要建立相应的监测和评估机制，对目标的实施情况进行监督和评估。

在制定"双碳"目标的过程中，石油行业需要与政府部门、行业协会、科研机构等多方合作，共同商讨目标的制定和实施方案。同时，石油行业也需要积极探索新的技术和方法，提高能源利用效率、降低碳排放量，为目标的实现提供技术支持。

（三）实施路径

1.提高能源利用效率

提高能源利用效率是实现"双碳"目标的关键途径之一。石油行业可以通过优化生产流程、采用新型技术装备、加强能源管理等方式提高能源利用效率。例如，采用数字化技术对油田进行智能化管理，提高采收率；采用新型钻井技术，缩短钻井周期，降低能源消耗；加强能源统计和监测，及时发现和解决能源浪费问题。

2.发展可再生能源

发展可再生能源是实现"双碳"目标的重要途径之一。石油行业可以通过开发太阳能、风能、水能等可再生能源，逐步减少对传统化石能源的依赖。例如，在油田周边建设太阳能发电站，利用太阳能为油田生产提供电力；采用风能发电技术，为石油加工和运输提供电力；利用水能资源，建设水力发电站为石油生产提供电力。

3.优化产业结构

优化产业结构是实现"双碳"目标的重要途径之一。石油行业可以通过调整产业结构、优化产业布局等方式优化产业结构。例如，发展高端石化产业、新材料产业等高附加值产业，提高产业的技术含量和附加值；优化产业布局，推动产业向资源环境优势地区集中；加强与上下游企业的合作，形成产业协同发展的格局。

4.加强国际合作

加强国际合作是实现"双碳"目标的重要途径之一。石油行业可以通过参与国际能源合作、推动国际能源转型等方式加强国际合作。例如，参与国际能源论坛和会议，与各国政府和企业共同探讨能源转型和低碳发展之路；与国际能源企业开展合作，共同研发和应用低碳技术；参与国际碳交易市场，推动碳排放权交易和气候投融资等。

（四）总结与展望

石油行业制定并实施"双碳"目标对于推动全球能源转型、应对气候变化具有重要意义。在实施过程中，石油行业需要采取多种措施，包括提高能源利用效率、发展可再生能源、优化产业结构、加强国际合作等。同时，石油行业也需要加强技术创新和研发，为目标的实现提供技术支持。未来，随着技术的不断进步和政策的不断调整，石油行业将不断探索新的路径和方法，为实现"双碳"目标做出更大的贡献。

三、国内外政策对石油行业"双碳"目标的影响

石油行业"双碳"目标的制定与实施路径，需要考虑到国内外政策的影响。下面将探讨国内外政策对石油行业"双碳"目标的影响。

（一）国内政策的影响

1.能源转型政策

我国政府提出了"双碳"目标，即到2030年左右，实现碳排放达峰；到2060年左右，实现碳中和。这一目标的提出，对石油行业提出了更高的要求。

为了实现这一目标，石油行业需要加快能源转型的步伐，逐步减少对传统化石能源的依赖，发展可再生能源和清洁能源。

2.环保政策

我国政府一直致力于加强环保领域的治理，提出了"绿水青山就是金山银山"的理念。在这一理念指导下，政府采取了一系列措施，包括加强环境污染治理、推动绿色低碳发展等。这些政策的实施，对石油行业的生产和运营提出了更高的要求。石油行业需要采取更加环保、低碳的生产方式，降低对环境的污染和破坏。

3.产业政策

我国政府还出台了一系列产业政策，包括鼓励发展新兴产业、推动产业结构调整等。这些政策的实施，对石油行业的发展产生了重要影响。石油行业需要加快产业结构调整，发展高附加值产业，提高产业的技术含量和附加值。

（二）国际政策的影响

1.国际贸易政策

随着全球贸易保护主义的抬头，国际贸易政策对石油行业的影响越来越大。一些国家采取了关税、配额等措施，限制了石油产品的出口和进口。这些政策的实施，对石油行业的贸易格局和利益产生了重要影响。石油行业需要加强国际贸易合作，推动贸易自由化和便利化，降低贸易壁垒和摩擦。

2.气候变化政策

气候变化是全球面临的共同挑战，各国政府纷纷出台了应对气候变化的政策措施。这些政策措施的实施，对石油行业的发展产生了重要影响。一些国家提出了逐步减少对传统化石能源的依赖，发展可再生能源和清洁能源的目标。这些目标的实现需要石油行业采取更加环保、低碳的生产方式和技术手段，同时也为石油行业提供了新的发展机遇和挑战。

3.能源安全政策

能源安全是各国政府关注的重点之一。一些国家提出了加强能源安全保障的政策措施，包括加强国内能源资源的开发和利用、增加战略石油储备等。这些政策的实施，对石油行业的生产和运营产生了重要影响。石油行业需要加强国内能源资源的开发和利用，增加战略石油储备，提高能源安全保障能力。

（三）应对策略和建议

1.加强技术创新和研发

石油行业需要加强技术创新和研发，开发更加环保、低碳的生产技术手段和产品，提高能源利用效率和附加值。同时，还需要积极参与国际技术合作和交流，引进和吸收国际先进技术和管理经验。

2.优化生产和运营模式

石油行业需要优化生产和运营模式，采取更加环保、低碳的生产方式和管理模式。同时，还需要加强企业内部的管理和优化，提高生产效率和降低成本。

3.加强与政府和社会的沟通合作

石油行业需要加强与政府和社会的沟通合作，积极参与相关政策的制定和实施过程。同时，还需要加强与社会各界的合作和交流，树立良好的企业形象和社会责任感。

第二节 能源安全和"双碳"目标平衡发展研究

一、能源安全与"双碳"目标的关系

能源安全与"双碳"目标之间存在密切的关系。下面将从几个方面探讨这种关系。

（一）能源安全是实现"双碳"目标的重要保障

能源安全是保障国家经济社会稳定和可持续发展的重要基础。在转型过程中，如果过于强调可再生能源的发展，而忽略了传统化石能源的供应，可能会导致能源供应的不稳定和短缺，从而对经济社会发展产生不利影响。因此，在实现"双碳"目标的过程中，需要注重能源安全的保障。

（二）能源转型是实现"双碳"目标的重要途径

能源转型是指从传统的化石能源向可再生能源和清洁能源转变的过程。在这个过程中，需要采取一系列措施，包括加强技术创新和研发、优化生产和运营模式、加强与政府和社会的沟通合作等。

通过能源转型，可以减少对传统化石能源的依赖，降低碳排放和环境污染，提高能源利用效率和附加值。同时，也可以为经济社会发展提供新的动力和机遇。因此，能源转型是实现"双碳"目标的重要途径。

（三）能源安全与"双碳"目标相互促进

能源安全与"双碳"目标之间并不是相互矛盾的，而是可以相互促进的。在实现"双碳"目标的过程中，注重能源安全的保障可以避免因过于强调可再生能源的发展而导致的能源供应不稳定和短缺等问题。同时，通过能源转型来实现"双碳"目标也可以为经济社会发展提供新的动力和机遇。

例如，通过发展清洁能源和可再生能源，可以减少对传统化石能源的依赖，降低碳排放和环境污染。同时，这些新兴产业的发展也可以带动相关产业链的发展，创造更多的就业机会和经济增长点。此外，通过加强技术创新和研发，可以提高能源利用效率和附加值，降低生产成本和提高市场竞争力。这些措施的实施可以促进经济社会的稳定和可持续发展。

二、国内外石油行业在能源安全与"双碳"目标下的挑战与机遇

随着全球能源结构的转型和"双碳"目标的提出，国内外石油行业面临着许多挑战和机遇。下面将从几个方面探讨这些挑战和机遇。

（一）能源安全与"双碳"目标的挑战

1.传统石油生产的风险和不确定性

传统石油生产面临着诸多风险和不确定性，例如价格波动、政治风险、自然灾害等。这些风险和不确定性可能导致石油生产的停滞和下滑，从而影响到国家的能源安全。

2.清洁能源发展的竞争压力

随着清洁能源技术的发展和成本的降低，传统石油行业的市场份额受到了一定的冲击。同时，政府对清洁能源的支持力度也在不断加大，这进一步加剧了清洁能源与传统石油之间的竞争。

3.碳排放问题和环保压力

石油行业是全球碳排放的主要来源之一，因此面临着越来越大的环保压力和碳排放问题。随着全球气候变化的加剧，各国政府对碳排放的限制也在不断加强，这使得石油行业的生产和运营面临着更大的挑战。

（二）能源安全与"双碳"目标的机遇

1.清洁能源技术的发展和应用

随着清洁能源技术的不断发展和应用，石油行业也可以通过转型和发展清洁能源来提高自身的竞争力和可持续发展能力。例如，石油公司可以投资和发展太阳能、风能等清洁能源项目，以降低自身的碳排放和环保压力。

2.政府对清洁能源的支持和鼓励

随着全球气候变化和环境问题的加剧，各国政府对清洁能源的支持力度也在不断加大。这为石油行业提供了更多的机遇，例如通过政府合作和投资来发展清洁能源项目，以及通过政府采购政策来鼓励清洁能源的发展和应用。

3.低碳经济的发展和转型机遇

随着低碳经济的发展和转型，石油行业也面临着更多的机遇。例如，石油公司可以通过技术创新和转型来开发和应用新的低碳技术和产品，从而获得更多的市场份额和经济效益。此外，石油公司也可以通过合作与投资来获得更多的资源和支持，以实现自身的转型和发展。

（三）国内外石油行业的应对策略与建议

1.加强技术创新和研发，提高自身竞争力和可持续发展能力

石油行业需要不断加强技术创新和研发，开发更加高效、环保、安全的技术和产品，以适应市场和社会的需求。同时，也需要注重与清洁能源技术的融合和发展，以实现自身的转型和发展。

2.加强与政府和社会各界的合作与沟通，共同推动清洁能源的发展和应用

石油行业需要积极与政府和社会各界合作，共同推动清洁能源的发展和应用。例如，可以通过合作投资、共同开发等方式来促进清洁能源的发展和应用的普及。

3.注重碳排放问题和环保压力的解决，降低自身的风险和不确定性

石油行业需要注重碳排放问题和环保压力的解决，采取有效的措施来降低自身的风险和不确定性。例如，可以通过减少自身的碳排放、开发和应用低碳技术等方式来降低自身的风险和不确定性。

4.积极应对市场变化和竞争压力，寻求新的发展机遇和合作伙伴

石油行业需要积极应对市场变化和竞争压力，寻求新的发展机遇和合作伙伴。例如，可以通过兼并重组、战略合作等方式来扩大自身的规模和实力，提高自身的竞争力和可持续发展能力。

总之，国内外石油行业在能源安全与"双碳"目标下面临着许多挑战和机遇。只有通过不断创新、加强合作、注重环保等方式来应对这些挑战和机遇才能够实现自身的转型和发展，为经济社会的稳定和可持续发展做出更大的贡献。

三、平衡能源安全与"双碳"目标的策略与建议

平衡能源安全与"双碳"目标是一个复杂而重要的任务，需要采取一系列策略和建议。下面将从几个方面探讨这些策略和建议。

（一）制定全面的能源战略规划

为了在追求能源安全的同时实现"双碳"目标，各国需要一个全面且深思熟虑的能源战略规划。这一规划应涵盖传统能源和清洁能源的开发、生产和消费等关键环节，以确保我们的能源需求得到满足，同时推动向清洁、低碳和高效的能源体系转型。

首先，对于传统能源，我们需要在确保安全的前提下，合理利用和开发。传统能源在我国能源结构中占据重要地位，其开发和利用为我国经济发展提供了强大的动力。但是，传统能源的开采和使用也带来了诸多环境问题，如空气、水和土壤污染，以及温室气体排放等。因此，我们需要制定合理的政

策和规定，规范传统能源的开发和利用，防止过度开采和滥用，确保能源安全的同时，也保护我们的生态环境。

其次，对于清洁能源，我们需要加快其开发和利用的步伐。清洁能源具有环境友好、可再生的特点，是实现"双碳"目标的关键。我们需要加大对清洁能源技术研发和应用的投入，鼓励和支持企业、科研机构和高校等开展相关研究，提高清洁能源的转化率和利用率。此外，我们还应制定优惠政策，如税收减免、补贴等，以降低清洁能源的成本，使其更具竞争力。

其次，在生产和消费方面，我们需要推动能源结构的转型。这不仅需要政策和法规的引导，还需要技术创新和产业升级的支持。我们应鼓励和支持企业开展能源效率提升和节能减排工作，推动工业、建筑和交通等重点领域的绿色低碳转型。此外，我们还应倡导绿色消费，鼓励消费者选择低碳、环保的产品和服务，推动市场需求向绿色低碳方向转变。

再次，在制定能源战略规划时，我们需要以可持续发展为目标，综合考虑经济、社会和环境等因素。我们不能为了追求"双碳"目标而忽视经济发展和社会需求，也不能为了保护环境而忽视能源安全。因此，我们需要通过深入研究和科学评估，制定出符合国情的能源政策和发展战略。

最后，我们还需要加强国际合作。实现"双碳"目标是一个全球性的任务，需要各国共同努力。我们应积极参与国际能源治理和合作，共同应对全球气候变化和能源安全等全球性挑战。通过分享经验、技术和资源，我们可以加速清洁能源技术的发展和应用，推动全球能源结构的转型。

总之，为了平衡能源安全与"双碳"目标，我们需要制定全面的能源战略规划。这一规划应涵盖传统能源和清洁能源的开发、生产和消费等关键环节，应以可持续发展为目标，综合考虑经济、社会和环境等因素。通过制定符合国情的能源政策和发展战略，我们可以实现能源安全与环境保护的双赢，推动我国走向绿色、低碳、高效的未来。

（二）加强清洁能源的开发和应用

清洁能源，以其环保、可再生和可持续等显著优点，日益成为全球实现"双碳"目标的关键途径。面对能源安全与环境保护的双重挑战，大力发展和应用清洁能源已迫在眉睫。

为了充分发挥清洁能源的潜力，我们需要采取一系列措施来加强其开发和应用。首先，我们需要增加对清洁能源项目的投资。这不仅包括对新的清洁能源技术的研发，也包括对现有技术的改进和升级。只有通过持续的科技创新和大规模的投资，我们才能实现清洁能源的大规模应用。

其次，我们需要提高清洁能源技术的水平。这包括提高太阳能电池板的效率，增加风力涡轮机的发电量，以及改进水电站的设计等。通过技术的进步，我们可以进一步提高清洁能源的经济性，使其在市场上更具竞争力。

再次，我们需要建设和完善清洁能源的基础设施。这包括建设更多的太阳能电站和风力发电场，以及铺设用于传输清洁能源的电网。同时，我们也需要建立和完善相关的法规和政策，以鼓励清洁能源的开发和应用。

最后，我们需要提高公众对清洁能源的认识和接受度。通过教育和宣传，我们可以让更多的人了解清洁能源的优点和重要性。这不仅可以促进清洁能源的开发和应用，也有助于形成全社会的共识，共同推动我们的地球走向更加绿色、更加可持续的未来。

总之，通过加大投资、提高技术水平、建设基础设施以及加强公众宣传和教育等方式，我们可以大力开发和应用清洁能源，提高清洁能源在能源结构中的比例。这不仅有助于实现"双碳"目标，也有利于保护我们的地球环境，实现可持续发展。

（三）提高能效和降低能源消费

在当今全球化的背景下，能源安全与环境保护之间的平衡成为各国面临的重要问题。实现"双碳"目标，是应对这一挑战的关键策略。提高能效和降低能源消费则是实现这一目标的不可或缺的途径。

提高能效是将能源转化为有用功的能力，是衡量能源利用效率的重要指标。降低能源消费则意味着在满足社会和经济发展需求的同时，减少对能源的消耗。这两者相互关联，相辅相成。

加强节能管理是提高能效和降低能源消费的基础手段。节能管理涉及政策制定、宣传教育、监督检查等多个方面。通过制定和执行节能政策，我们可以引导企业和个人形成节能减排的良好习惯，提高全社会的节能意识。同时，通过监督检查，我们可以确保各项节能措施得到有效执行。

推广节能技术是提高能效和降低能源消费的关键手段。先进的节能技术可以帮助我们更有效地利用能源，减少能源浪费。例如，节能灯具、高效电机、绿色空调等技术的应用，都可以显著提高能源利用效率，降低能源消费。

提高能源利用效率也是提高能效和降低能源消费的重要手段。这包括改善设备性能、优化工艺流程、提高管理水平等各种措施。通过提高能源利用效率，我们可以减少能源浪费，降低能源消费，同时也可以减少对环境的影响。

调整产业结构是降低能源消费的重要途径。从高能耗、高排放的传统产业向低能耗、低排放的现代产业转型，不仅可以降低对能源的消耗，还可以减少对环境的影响。发展绿色建筑也是降低能源消费的有效途径。绿色建筑采用了节能建筑设计和管理模式，通过利用可再生能源、优化建筑设计、采用高效节能设备等方式，可以显著降低建筑对能源的消耗。

总之，提高能效和降低能源消费是平衡能源安全与"双碳"目标的重要途径。这需要我们采取多种措施，包括加强节能管理、推广节能技术、提高能源利用效率、调整产业结构等。通过这些措施的实施，我们可以实现经济发展与环境保护的良性循环，为我们的地球创造一个更加绿色、更加可持续的未来。

（四）加强能源领域的国际合作

实现全球能源安全和"双碳"目标不仅需要各国在国内采取一系列措施，还需要各国加强国际合作，共同应对这一全球性的挑战。

加强政策对话是国际合作的重要方式之一。各国可以通过政策对话，分享各自在能源领域的政策和实践，相互学习和借鉴经验。这有助于减少信息不对称，提高各国在能源领域的决策水平。同时，政策对话也可以促进各国在能源领域的相互理解和信任，为进一步的合作打下基础。

开展技术交流是加强国际合作的另一种方式。各国在能源领域的技术水平存在差异，通过技术交流可以促进技术的转移和推广，提高全球能源技术的整体水平。同时，技术交流也可以促进各国在新能源技术、节能技术等方面的合作，推动清洁能源技术的发展和应用。

建立合作机制是加强国际合作的另一种途径。通过建立政府间的合作机制，可以促进各国在能源领域的深度合作，推动全球能源安全和"双碳"目标的实现。例如，可以建立国际能源组织，推动各国在能源领域的协调和合作；可以建立国际清洁能源联盟，推动清洁能源的发展和应用；可以建立国际能源技术创新联盟，推动全球能源技术的创新和发展。

总之，加强与其他国家的合作是实现全球能源安全和"双碳"目标的关键。各国在能源领域的情况各不相同，有着各自的优势和劣势。通过加强与其他国家的合作，可以取长补短、互利共赢。同时，通过与其他国家合作，可以共同推动清洁能源的发展和应用，促进全球能源结构的优化和升级。

（五）加强政策和法规的引导和支持

为了在保障能源安全的同时实现"双碳"目标，我们需要采取一系列政策和法规的引导和支持。这不仅是为了应对全球气候变化的挑战，也是为了推动全球经济的可持续发展。

制定税收政策是其中一种重要的手段。通过征收碳税或者对传统能源征收消费税，可以增加传统能源的使用成本，从而减少其消费量。同时，可以将税收收入用于鼓励清洁能源的发展和应用，例如对清洁能源进行补贴或者奖励。

补贴政策也是促进清洁能源发展的一种有效方式。政府可以通过给予清洁能源生产者和消费者一定的补贴，降低其成本，提高其市场竞争力。同时，也可以通过设立特别基金，为清洁能源的开发和应用提供资金支持。

奖励政策同样可以起到鼓励清洁能源发展中的作用。政府可以设立奖项，表彰在清洁能源领域取得突出成绩的企业和个人。这不仅可以起到激励作用，还可以提高社会对清洁能源的认知和接受程度。

此外，制定法规也是实现平衡能源安全与"双碳"目标的重要手段之一。通过制定相关法规，可以限制传统能源的生产和消费，从而为清洁能源的发展和应用创造更多的空间。例如，可以规定新建建筑物必须使用清洁能源，或者禁止生产和使用某些高碳排放的传统能源。

总之，为了平衡能源安全与"双碳"目标，需要加强政策和法规的引导和支持。这可以通过制定税收政策、补贴政策、奖励政策等方式来鼓励清洁能源的发展和应用；同时也可以通过制定法规来限制传统能源的生产和消费，从而推动清洁能源的发展和应用。这些政策和法规的实施不仅可以保障全球能源的安全供给，同时也有助于推动全球经济和社会的可持续发展。

（六）加强宣传和教育，提高公众意识

实现能源安全和"双碳"目标，不仅需要政府和企业的积极参与，更需要广泛的社会参与和支持。因此，加强宣传和教育，提高公众意识，成为实现这些目标的重要环节。

宣传活动是提高公众意识的有效方式之一。可以通过举办清洁能源展览、开设环保主题的公益讲座、组织清洁能源项目体验活动等方式，向公众普及清洁能源的知识和优势，让更多人了解清洁能源的重要性和必要性。同时，也可以通过开展节能减排的宣传活动，鼓励公众在日常生活中注重节能减排，减少能源消耗和环境污染。

发放宣传资料也是加强宣传和教育的重要手段之一。可以通过制作和发放清洁能源相关的宣传册、海报、视频等资料，让公众更加直观地了解清洁能源的相关知识和技术。同时，也可以通过这些资料，向公众传递清洁能源对于未来可持续发展的重要性，增强公众的环保意识和责任感。

加强媒体宣传也是提高公众意识的重要途径之一。媒体是信息传播的重要渠道，可以通过电视、广播、报纸、网络等媒体形式，向公众传递清洁能源的相关信息和动态。同时，也可以通过媒体的力量，引导公众关注和参与清洁能源的发展和应用，形成全社会的共同意识和行动。

此外，还可以通过建立和完善环保教育体系来提高公众意识。在学校和社区开设环保课程，向学生和居民普及环保知识和技能，培养他们的环保意识和责任感。同时，也可以通过开展环保实践活动，让公众更加深入地了解和参与环保行动，形成全社会的环保文化。

总之，实现能源安全和"双碳"目标需要广泛的社会参与和支持，因此需要加强宣传和教育，提高公众意识。通过开展宣传活动、发放宣传资料、加强媒体宣传以及建立和完善环保教育体系等方式，可以增强公众对清洁能源的认知和理解，形成全社会的共同意识和行动。只有这样，我们才能更好地平衡能源安全与"双碳"目标，推动全球经济的可持续发展。

（七）加强科技创新和人才培养

实现平衡能源安全与"双碳"目标，需要不断加强科技创新和人才培养。这不仅有助于提高国家的核心竞争力，也为实现可持续发展提供了重要保障。

首先，加大科研投入是推动科技创新的重要手段。政府和企业应该增加对清洁能源、节能减排等领域的研发投入，支持相关科研机构和高校进行基础研究和应用研究。通过研发创新，可以促进清洁能源技术的突破和提升，为能源转型提供强有力的技术支撑。

其次，引进先进技术是实现平衡能源安全与"双碳"目标的重要途径。通过引进国际上先进的清洁能源技术和管理经验，可以加速我国清洁能源产业的发展。同时，也可以通过技术交流和合作，提升我国在清洁能源领域的国际影响力。

再次，培养专业人才是实现平衡能源安全与"双碳"目标的必要条件。政府和企业应该加大对相关专业人才的培养力度，建立完善的人才培养体系。通过设立奖学金、支持科研项目等方式，吸引更多的年轻人投身于清洁能源领域。同时，也要加强对现有从业人员的培训和提升，不断提高他们的专业素质和技术水平。

最后，与高校和研究机构合作是推动科技创新和人才培养的重要方式。高校和研究机构拥有丰富的人才资源和科研实力，与企业合作可以促进产学研一体化发展。通过合作，企业可以获得最新的科研成果和技术支持，高校和研究机构也可以为学生提供实践机会和就业渠道。

总之，实现平衡能源安全与"双碳"目标需要不断加强科技创新和人才培养。通过加大科研投入、引进先进技术、培养专业人才以及与高校和研究机构合作等方式，可以推动清洁能源技术的创新和发展，提高国家的核心竞争力，为实现可持续发展提供重要保障。同时，也需要全社会共同努力，形成合力推动科技创新和人才培养的进程。只有这样，我们才能更好地实现平衡能源安全与"双碳"目标，推动全球经济的可持续发展。

第三节　石油行业上游板块全链碳排放剖析

一、石油行业上游板块全链碳排放量评估

石油行业上游板块全链碳排放量评估是一个复杂的过程，需要考虑整个产业链的各个环节，包括石油和天然气的开采、运输、处理和加工等过程。下面将分别对各个环节的碳排放进行评估。

（一）开采过程

石油和天然气的开采是全球能源供应的重要来源，但同时它们也是上游板块碳排放的主要来源之一。在开采过程中，需要使用大量的能源，如电力、燃料等，这些能源的消耗会产生大量的二氧化碳排放。此外，开采过程中还会产生甲烷等温室气体的排放，这些气体的排放也会对气候变化产生影响。

根据不同的数据来源和评估方法，石油和天然气的开采过程所产生的碳排放量有所不同。一般来说，每吨石油的开采过程会产生约2～3吨二氧化碳排放，而每吨天然气的开采过程会产生约1～2吨二氧化碳排放。这些排放不仅来自能源的消耗，还来自设备的运转、运输、处理和储存等多个环节。

为了减少石油和天然气开采过程中的碳排放，可以采取多种措施。首先，提高能源利用效率是关键。通过采用先进的采油技术和设备，优化开采流程，降低能源消耗，可以减少碳排放。其次，开发清洁能源也是重要的途径。例

如，利用太阳能、风能等可再生能源来替代传统的化石能源，可以降低碳排放量。此外，还可以通过改进油气处理和储存技术来减少甲烷等温室气体的排放。

总之，石油和天然气的开采过程所产生的碳排放是一个严重的问题。为了应对气候变化和保护环境，我们应该采取多种措施来减少这些排放。政府、企业和个人都应该共同努力，推动清洁能源的发展和应用，实现可持续发展。

（二）运输过程

石油和天然气的运输是确保全球能源供应的重要环节，但同时也是上游板块碳排放的另一个主要来源。在运输过程中，需要使用大量的交通工具，如油轮、管道、货车等，这些交通工具的运转会产生大量的二氧化碳排放。

石油和天然气的运输主要依靠油轮和管道。油轮在海洋中运输石油，而管道则在陆地上运输石油和天然气。这两种交通工具的运转都需要大量的能源，主要是化石燃料，如柴油和燃料油等。这些化石燃料的消耗会产生大量的二氧化碳排放，对气候变化产生负面影响。

石油和天然气的运输还需要大量的货车和火车进行辅助。这些交通工具的运转同样会产生大量的二氧化碳排放。这些排放不仅来自交通工具的发动机运转，还来自道路和铁路基础设施的建设和维护过程中所消耗的能源和资源。

为了减少石油和天然气运输过程中的碳排放，可以采取多种措施。首先，提高能源利用效率是关键。通过采用先进的运输技术和设备，优化运输流程，降低能源消耗，可以减少碳排放。例如，采用更高效的发动机和燃料系统，以及更先进的导航和调度系统等。

其次，开发清洁能源也是重要的途径。例如，利用太阳能、风能等可再生能源来替代传统的化石能源，可以降低碳排放量。此外，还可以通过改进油气处理和储存技术来减少甲烷等温室气体的排放。

再次，政府和企业也应该制定相应的政策和标准来限制石油和天然气运输过程中的碳排放。例如，可以建立碳排放交易市场，对高碳排放的行业和企业进行惩罚或征收高额的碳排放税。此外，政府还可以通过提供财政补贴或税收优惠等政策手段来鼓励企业采用清洁能源和节能技术。

此外，还可以通过优化能源供应结构和运输方式来减少石油和天然气运输过程中的碳排放。例如，大力发展可再生能源和清洁能源，减少对化石能源的依赖；推广多式联运和集装箱化运输等方式，提高运输效率和能源利用效率；发展智能交通系统和优化交通流量，降低交通拥堵和浪费；推广低碳出行方式，如步行、自行车和公共交通等。

总之，石油和天然气的运输过程所产生的碳排放是一个严重的问题。为了应对气候变化和保护环境，我们应该采取多种措施来减少这些排放。政府、企业和个人都应该共同努力，推动清洁能源的发展和应用，实现可持续发展。

（三）处理和加工过程

石油和天然气的处理和加工过程也是碳排放的重要来源之一。为了满足全球能源需求，石油和天然气需要通过复杂的处理和加工过程才能被转化为可供使用的能源产品。然而，这些处理和加工过程需要消耗大量的能源，如电力、燃料等，从而产生大量的二氧化碳排放。

石油的处理和加工过程包括从地下开采石油，将其进行脱水和净化处理，然后进行储存和运输等操作。在这个过程中，需要使用各种设备和机械，如泵、分离器、加热器等，这些设备和机械的运转会产生大量的能源消耗和碳排放。此外，石油的储存和运输也需要消耗大量的能源，如用于储罐加热和保温的能源，以及用于石油运输的车辆和船舶等所需的能源。

天然气的处理和加工过程则包括从地下开采天然气，将其进行净化和压缩处理，然后进行储存和运输等操作。与石油一样，这个过程中也需要使用各种设备和机械,如分离器、净化器、压缩机组等,这些设备和机械的运转也会产生大量的能源消耗和碳排放。此外,天然气的储存和运输也需要消耗大量的能源,如用于储罐保温的能源,以及用于天然气运输的车辆、船舶和管道等所需的能源。

总之,石油和天然气的处理和加工过程中所产生的碳排放也是一个严重的问题。为了应对气候变化和保护环境,我们应该采取多种措施来减少这些排放。政府、企业和个人都应该共同努力推动清洁能源的发展和应用实现可持续发展。

(四)电力产生

在石油和天然气的开采、运输和处理过程中,需要使用大量的电力。而电力的产生也会产生大量的碳排放。在电力生产过程中,化石燃料燃烧产生的二氧化碳是最主要的排放源。此外,还有核能、风能等可再生能源的生产也会产生一定的碳排放。

根据不同的数据来源和评估方法,电力产生所产生的碳排放量也有所不同。一般来说,每千瓦时电力的产生会产生约 0.5~1 千克二氧化碳排放。

综上所述,石油行业上游板块全链碳排放量评估需要考虑各个环节的碳排放。根据不同的数据来源和评估方法,各个环节所产生的碳排放量有所不同。因此,在进行全链碳排放量评估时需要考虑各个环节的影响因素,并采用科学合理的方法进行评估。同时,还需要加强技术创新和设备更新等方式来减少各个环节所产生的碳排放量,从而降低对环境的影响。

二、碳排放对石油行业上游板块的影响及挑战

碳排放对石油行业上游板块的影响及挑战是不可避免的,因为石油是一种化石燃料,其开采、运输、处理和加工过程中都会产生大量的二氧化碳和

其他温室气体排放。这些排放不仅对环境造成影响，还会对气候变化产生负面影响。下面将详细探讨碳排放对石油行业上游板块的影响及挑战。

（一）环境影响

碳排放已经成为全球共同面临的问题，它是导致全球气候变暖的主要因素之一。随着工业化进程的加速和人口的增长，大量的二氧化碳等温室气体被排放到大气中，导致全球气温不断上升。

全球气温上升所带来的影响非常严重。首先，它会引起极端天气事件，如洪水、干旱、台风、飓风等自然灾害。这些自然灾害不仅会对人类社会造成严重影响，还会对自然生态系统造成不可逆转的破坏。其次，全球气温上升还会引起海平面上升和冰川融化等问题，这将对沿海城市和岛屿国家等地区的居民造成威胁，同时也会破坏生物多样性和生态平衡。

除了碳排放，石油开采过程中还会产生大量的废气、废水和固体废弃物等污染物。石油开采过程中会产生大量的废气，其中含有大量的有害物质，如硫化物、氮氧化物等。这些有害物质会污染空气，对人体健康和生态环境造成严重影响。

同时，石油开采过程中还会产生大量的废水。这些废水中含有大量的有害物质，如石油、盐类等。这些废水不仅会对土壤和水体造成污染，还会对生态环境造成不可逆转的破坏。此外，石油开采过程中还会产生大量的固体废弃物，如泥浆、岩屑等。这些废弃物不仅会对土地造成占用和污染，还会对生态环境造成严重影响。

针对这些问题，我们需要采取有效的措施来减少碳排放和环境污染。首先，政府和企业应该采取多种措施来减少石油和天然气处理和加工过程中的碳排放。例如，推广可再生能源和清洁能源、优化处理和加工流程、采用高效节能设备等。此外，政府还可以通过建立碳排放交易市场和征收高额的碳排放税等手段来鼓励企业减少碳排放。

其次，针对石油开采过程中的污染物排放问题，政府和企业应该加强环保管理，采取有效的措施来减少废气、废水和固体废弃物的排放。例如，采用环保技术和设备、加强废水处理和废弃物处理等措施。此外，政府还可以通过提供财政补贴或税收优惠等政策手段来鼓励企业采取环保措施。

最后，我们需要加强公众对环保问题的认识和教育。只有让更多的人认识到环保问题的重要性，才能更好地推动环保事业的发展。政府和社会组织应该加强环保宣传和教育，提高公众的环保意识和环保素养。

总之，碳排放和环境污染是全球共同面临的问题。我们需要采取有效的措施来减少碳排放和环境污染，保护我们的地球家园。政府、企业和个人都应该共同努力推动环保事业的发展，实现可持续发展。

（二）气候变化挑战

气候变化，这个词汇如今已经成为全球关注的焦点。随着全球气温的持续上升，气候变化已经对全球的自然生态系统和社会经济产生了深远的影响。海平面上升、极端天气事件的频发、生物多样性的减少，这些现象都已经在我们的生活中留下了深刻的印记。而在这个过程中，石油行业上游板块的碳排放无疑是助长气候变化的重要因素之一。因此，作为全球最大的石油生产国之一，我国面临着巨大的压力，需要采取切实有效的措施来减少碳排放。

首先，我们需要认识到碳排放对气候变化的影响。二氧化碳等温室气体的排放会导致大气中的温室气体浓度增加，从而促使地球表面温度升高。这种温度升高会引发一系列的气候变化现象，如海平面上升、极端天气事件频发、冰川融化等。这些现象不仅对自然生态系统产生严重影响，还会对人类社会和经济活动产生深远的影响。

而石油行业上游板块的碳排放是导致这种气候变化的重要因素之一。石油是一种化石燃料，其开采和加工过程中会产生大量的二氧化碳等温室气体。据统计，全球石油行业的碳排放量占据了全球碳排放总量的较大比例。因此，减少石油行业上游板块的碳排放对于应对气候变化具有重要意义。

然而，减少石油行业上游板块的碳排放并非易事。首先，石油是一种重要的能源来源，全球对于石油的需求量仍然很大。这就意味着石油行业的碳排放量很难在短时间内大幅减少。其次，石油开采和加工过程中的碳排放主要来自设备和工艺流程，要减少这些碳排放需要投入大量的资金和技术力量进行设备更新和工艺流程改进。

尽管面临诸多困难，但是我们不能坐视不理。作为全球最大的石油生产国之一，我们有责任也有义务采取措施减少碳排放，为应对气候变化做出自己的贡献。具体而言，我们可以从以下几个方面入手：

一是加强技术创新，提高能源利用效率。通过研发和应用新技术、新工艺和新设备，提高石油开采和加工过程中的能源利用效率，从而减少碳排放量。例如，推广使用高效节能设备、优化工艺流程等措施都可以有效降低碳排放量。

二是优化能源结构，大力发展可再生能源。通过开发和利用可再生能源，如太阳能、风能等，逐步减少对于化石燃料的依赖，从而降低石油行业的碳排放量。同时，还可以通过开展碳捕获和储存技术的研究与应用，进一步降低碳排放量。

三是加强国际合作，共同应对气候变化挑战。作为全球石油生产大国，我们应当积极参与到国际合作中，与其他国家共同研究和应对气候变化问题。通过分享经验、开展技术交流等方式，推动全球石油行业的低碳发展。

四是加强政策引导，推动企业自主减排。政府可以通过出台相关政策和法规，鼓励企业采取措施减少碳排放。例如，对于低碳技术和设备的研发和应用给予政策支持、对高碳排放企业进行严格的监管和处罚等措施都可以有效推动企业自主减排。

（三）技术和资金挑战

减少石油行业上游板块的碳排放需要大规模的技术和设备升级，这不仅涉及更先进的开采技术，如水平钻井和超级计算机模型等，还涉及使用低排放的运输工具，如电动钻井车和生物燃料运输车，以及低排放的处理设备，如碳捕获和存储设备。然而，这些技术和设备的引进需要巨大的资金投入，这对于一些小型石油公司来说无疑是一个巨大的挑战。

首先，对于这些小型石油公司来说，获取资金是一个问题。他们需要投入大量的资金来购买和安装这些新的设备和系统，而这是一个他们可能无法独自承担的任务。他们可能需要寻求外部的融资，包括从银行贷款，或者寻找投资者或合作伙伴来共同承担这个费用。

其次，这些技术和设备的更新换代还需要公司进行大规模的员工培训。新的技术和设备意味着新的操作方法和维护要求，因此，公司需要为员工提供相应的培训和教育，以确保他们能够有效地使用和维护这些新的设备和系统。

再次，石油公司还需要面对转型的挑战。减少碳排放不仅仅意味着技术和设备的更新换代，还意味着整个公司运营模式的转变。这需要公司对自身的运营策略、业务模式和企业文化进行深度的改革和创新。这种转型需要公司具备强大的战略规划和执行能力，以及勇于创新和接受挑战的决心。

然而，尽管面临这些挑战，石油公司仍然需要积极采取行动来减少碳排放。气候变化是全球面临的重大挑战，石油行业作为全球最大的碳排放行业之一，有责任也有能力做出改变。通过技术创新和转型，石油公司不仅可以减少碳排放，还可以提高自身的竞争力，适应低碳未来的发展趋势。

政府和相关机构也应该提供支持和帮助。首先，政府可以通过提供财政支持和税收优惠等政策来鼓励石油公司进行低碳转型。其次，政府还可以通过建立碳排放交易市场和推动绿色金融等措施来为石油公司提供更多的资金支持。

此外，国际合作也是解决这个问题的关键。全球的石油公司可以联合起来，共同研究和开发新的低碳技术和设备，以降低每个公司的单独成本。同时，国际社会也可以通过制定共同的碳排放标准和贸易规则等措施来推动全球的低碳转型。

（四）政策和法规挑战

随着全球对气候变化问题的关注度不断提升，各国政府正在逐步制定更为严格的环境政策和法规，以限制碳排放，应对气候变化带来的挑战。这些政策和法规不仅将影响到每一个行业，尤其是石油行业上游板块将受到重大影响。在这个大背景下，石油公司需要密切关注政策和法规的变化，采取有效的措施以遵守规定并降低碳排放量。

首先，这些严格的政策和法规将限制石油公司的碳排放量。根据规定，石油公司必须在规定的时间内将碳排放量降低到一定的水平，否则将面临严厉的惩罚措施。这不仅将影响到公司的运营成本，还可能对公司的声誉和形象造成负面影响。因此，石油公司需要积极采取行动，通过改进开采技术、使用清洁能源、提高能源利用效率等措施来降低碳排放量。

其次，这些政策和法规将推动石油公司的转型。为了适应低碳未来的发展趋势，石油公司需要逐步转型，发展新能源和清洁能源。这不仅需要公司在技术和设备上进行升级和更新，还需要在管理和运营模式上进行改革和创新。在这个过程中，石油公司需要具备强大的战略规划和执行能力，以及勇于创新和接受挑战的决心。

再次，这些政策和法规也将为石油公司提供机遇。通过降低碳排放量，石油公司可以提升自身的环保形象和社会责任感，吸引更多的消费者和投资者。同时，通过转型发展新能源和清洁能源，石油公司可以开拓新的市场和业务领域，提高自身的竞争力和可持续发展能力。

为了应对政策和法规的变化，石油公司需要做好以下几点。

第一，加强学习和研究。石油公司需要加强对气候变化和环保政策的研究和分析，了解政策和法规的变化趋势和要求，以便及时采取相应的措施。

第二，加强合作和交流。石油公司可以与其他公司、研究机构和政府部门进行合作和交流，共同研究和开发新的低碳技术和设备，提高自身的技术水平和创新能力。

第三，加强管理和监督。石油公司需要建立健全的管理和监督机制，确保各项措施得到有效执行和监督，及时发现和解决问题。

第四，加强宣传和教育。石油公司可以加强对员工和社会的宣传和教育，提高员工和社会对气候变化和环保问题的认识和理解，增强社会责任感和形象意识。

第五，石油公司需要明确自身的定位和发展战略。在低碳时代背景下，石油公司需要明确自身的定位和发展战略，积极应对挑战和机遇，适应低碳未来的发展趋势，提高自身的竞争力和可持续发展能力。

综上所述，随着全球对气候变化的关注度不断提高，各国正在逐步制定更加严格的政策和法规以限制碳排放。这些政策和法规将对石油行业上游板块产生重大影响。因此，石油公司需要密切关注政策和法规的变化趋势并采取相应的措施以遵守规定并降低碳排放量。只有这样才能够适应低碳未来的发展趋势并提高自身的竞争力和可持续发展能力。

（五）市场竞争挑战

随着全球对可再生能源的开发和应用不断增加，石油行业的市场份额正在逐渐减少。可再生能源技术不断发展，价格也在逐渐降低，这将对石油行业的竞争地位产生影响。为了在市场竞争中保持领先地位，石油公司需要不断创新和发展低碳技术，提高能源利用效率并减少碳排放量。

首先，石油公司需要认识到可再生能源的发展趋势和影响。可再生能源技术不断进步，成本逐渐降低，未来将有更多的消费者和投资者转向可再生能源。这将对石油行业的市场份额和盈利能力产生直接影响。因此，石油公司需要积极应对可再生能源的挑战，通过创新和发展低碳技术来提高自身的竞争力和可持续发展能力。

其次，石油公司需要加强技术创新和发展低碳技术。通过加大科研投入，提高技术水平和创新能力，开发更加高效、环保的石油开采和加工技术，降低碳排放量并提高能源利用效率。此外，石油公司还可以通过转型发展新能源和清洁能源，开拓新的市场和业务领域，提高自身的竞争力和可持续发展能力。

再次，石油公司需要加强合作与交流。通过与其他公司、研究机构和政府部门的合作和交流，共享资源和技术成果，共同研究和开发新的低碳技术和设备。这样不仅可以提高自身的技术水平和创新能力，还可以降低研发成本和市场风险。同时，石油公司还可以通过与其他行业的合作，开发更加多元化、可持续发展的产业链条，提高自身的竞争力和市场地位。

最后，石油公司需要加强管理和监督。通过建立健全的管理和监督机制，确保各项措施得到有效执行和监督，及时发现和解决问题。同时，石油公司还需要加强对员工和社会公众的宣传和教育，提高员工和社会对气候变化和环保问题的认识和理解，增强社会责任感和形象意识。

综上所述，碳排放对石油行业上游板块的影响及挑战是多方面的。为了应对这些挑战并保持竞争力，石油公司需要采取综合措施，包括技术创新、资金投入、政策合规、市场竞争等方面。同时还需要加强与其他行业的合作与交流，共同推动低碳发展并减少对环境的影响。

第四节　石油行业上游板块绿色转型必要性

一、绿色转型是实现"双碳"目标的必然选择

随着全球气候变化的加剧，实现"双碳"目标已成为全球各国的共同责任。中国作为世界上最大的碳排放国家之一，也面临着巨大的减排压力。为了实现"双碳"目标，中国必须采取一系列措施，其中最为关键的就是绿色转型。绿色转型是指通过调整产业结构、优化能源结构、提高能源利用效率、发展低碳经济等方式，实现经济社会的可持续发展。下面将从背景、意义、措施等方面探讨绿色转型在实现"双碳"目标中的重要性。

（一）背景

全球气候变化已成为当前世界面临的最重要问题之一。科学家的研究表明，人类活动是导致气候变化的主要原因，其中碳排放是最为重要的因素之一。为了应对气候变化，各国纷纷提出了"双碳"目标，即到2030年左右，将二氧化碳排放量降低到2005年水平的95%左右，同时努力实现碳中和。

中国是全球最大的碳排放国家之一，其碳排放量占全球总排放量的近20%。中国政府已经明确表示，将采取一系列措施，积极推进绿色低碳发展，努力实现"双碳"目标。

（二）意义

绿色转型对于实现"双碳"目标具有重要意义。首先，绿色转型可以促进产业结构调整和优化，推动经济发展向高质量、高效益、低污染的方向转变。通过发展清洁能源、节能环保等产业，可以创造更多的就业机会和经济增长点，提高经济质量和效益。

其次，绿色转型可以优化能源结构，提高能源利用效率。通过推广可再生能源、发展低碳技术等措施，可以减少对传统化石能源的依赖，降低能源消耗和排放量。同时，提高能源利用效率可以减少能源浪费和资源消耗，有利于保护环境和资源。

再次，绿色转型可以促进生态文明建设。生态文明建设是中国特色社会主义事业的重要内容之一，而绿色转型是实现生态文明建设的重要途径之一。通过推进绿色转型，可以保护生态环境、维护生态安全、保障人民健康，促进经济社会可持续发展。

（三）措施

为了实现绿色转型，需要采取一系列措施。首先，需要加强政策引导和支持。政府可以通过出台相关政策、法规等措施，鼓励和支持企业、个人等各方面积极参与绿色低碳发展。例如，可以给予税收优惠、资金支持等政策优惠，鼓励企业开展节能减排、发展清洁能源等业务。

其次，需要加强科技创新和人才培养。发展绿色低碳经济需要依靠科技创新和人才支撑。政府和企业可以加大对相关领域科研投入力度，鼓励企业加强与高校、科研机构等的合作交流，推动技术研发和创新成果转化应用。同时，加强人才培养和引进工作，为绿色低碳发展提供强有力的人才保障。

再次，需要加强国际合作和交流。应对气候变化是全球性问题，需要各国共同努力。中国可以积极参与国际合作和交流，与其他国家共同探讨应对气候变化的方案和措施。通过加强国际合作和交流，可以促进信息共享、技术交流、资金支持等方面的工作开展。

最后，需要加强宣传教育和引导示范作用。政府和社会可以通过各种渠道加强宣传教育和引导示范作用，提高公众对气候变化和绿色低碳发展的认识和意识水平。例如，可以通过开展各种形式的宣传活动、举办相关讲座等方式来普及相关知识，加强社会监督和参与程度。同时也可以通过建立绿色产品和服务的标准和认证体系来规范市场秩序，推动绿色消费和绿色生产。

总之，实现绿色转型需要全社会的共同努力，需要政府、企业、个人等各方面的共同参与和推动。只有通过各方面的共同努力，才能够实现"双碳"目标实现经济社会可持续发展，为建设美丽中国做出贡献，实现中华民族伟大复兴的中国梦。

二、绿色转型对石油行业上游板块经济效益的影响

绿色转型是当前石油行业面临的重要任务之一，其对于上游板块的经济效益有着深远的影响。下面将从多个方面探讨绿色转型对石油行业上游板块经济效益的影响。

（一）降低成本

绿色转型过程中，石油行业上游板块采用了一些新的技术和设备，这些技术和设备能够提高采收率、降低能耗、减少环境污染等，从而降低了企业的运营成本。此外，绿色转型还促使企业更加注重资源的节约和循环利用，进一步降低了企业的生产成本。这些成本的降低，不仅提高了企业的经济效益，也为企业带来了更多的商业机会和利润增长点。

（二）增加收入

绿色转型过程中，石油行业上游板块开发了一些绿色低碳产品，如生物

柴油、燃料乙醇等，这些产品不仅具有环保性能，还具有一定的市场需求。通过开发这些绿色低碳产品，企业不仅能够满足市场需求，还能够增加收入来源。此外，随着消费者对环保和可持续发展的关注度不断提高，绿色产品也成为市场的新趋势，这将进一步促进企业增加收入。

（三）提高市场竞争力

绿色转型过程中，石油行业上游板块采用了一些新的技术和设备，这些技术和设备能够提高生产效率、降低环境污染等，从而提高了企业的市场竞争力。同时，通过开发绿色低碳产品，企业也能够满足市场需求和政策要求，进一步提高了企业的市场竞争力。此外，随着全球能源结构转型的加速，清洁能源等新兴领域的发展前景越来越广阔，通过绿色转型，企业也能够拓展新的业务领域，提高市场竞争力。

（四）改善企业形象

石油行业上游板块的绿色转型不仅有助于提高企业的经济效益和市场竞争力，还能够改善企业的形象和声誉。随着消费者对环保和可持续发展的关注度不断提高，企业是否注重环保和可持续发展成为消费者选择产品和服务的重要考虑因素之一。通过绿色转型，企业不仅能够满足市场需求和政策要求，还能够提高企业的社会责任感和公信力，改善企业的形象和声誉。

绿色转型对石油行业上游板块经济效益的影响是深远的。通过采用新的技术和设备、开发绿色低碳产品、拓展新的业务领域等方式，企业不仅能够降低成本、增加收入、提高市场竞争力，还能够改善企业形象和声誉。然而，绿色转型也需要企业投入一定的资金和精力，但这些投入将会在未来得到回报。因此，石油行业上游板块应该注重绿色转型，积极采取措施推进绿色发展，以实现经济效益和社会效益的双赢。

三、绿色转型对石油行业上游板块社会形象及责任的影响

绿色转型对石油行业上游板块的社会形象和责任产生了深远的影响。以下是对这些影响的详细分析。

（一）提升社会形象

1.减少环境污染

绿色转型强调对环境的保护和改善，通过采用环保技术和实施环保措施，减少石油开采过程中的污染排放，从而降低了对环境的影响。这使得石油企业更受社区和公众的欢迎，提升了企业的社会形象。

2.履行社会责任

绿色转型使石油企业更加积极地履行社会责任。在绿色转型过程中，石油企业不仅关注自身的经济效益，也重视对社会的贡献。通过参与公益活动、支持环保项目等方式，石油企业展示了其社会责任感，提升了自身的社会形象。

3.促进可持续发展

绿色转型使石油企业更加关注可持续发展。在转型过程中，企业不仅考虑短期的经济利益，也着眼于长期的可持续发展。这种积极的态度和行动对于提升企业的社会形象具有积极的影响。

（二）强化社会责任

1.对员工的责任

绿色转型过程中，石油企业通过对员工的培训和教育，提高了员工的安全意识和环保意识。同时，企业也关注员工的职业健康和安全，采取措施减少职业病的发生。这些举措强化了企业对员工的责任，提高了员工的工作积极性和满意度。

2.对社区的责任

石油企业在绿色转型过程中，加强了对社区的关注和贡献。通过参与社区建设、支持公益事业等方式，企业回馈社区，提高了社区居民的生活质量。这些举措强化了企业对社区的责任，增强了企业与社区的关系。

3.对政府的责任

石油企业在绿色转型过程中，积极响应政府的环保政策和法规。通过采取环保措施和技术创新，企业降低了对环境的影响，履行了对政府的责任。这有助于企业与政府建立良好的关系，为企业的发展提供了更多的支持和保障。

绿色转型对石油行业上游板块的社会形象和责任产生了积极的影响。通过减少环境污染、履行社会责任、促进可持续发展等方式，企业提升了自身的社会形象，强化了社会责任的履行。这些举措有助于企业与社区、政府、公众等利益相关者建立良好的关系，为企业的发展提供了更多的支持和保障。同时，这些举措也有助于提高企业的竞争力，使其在激烈的市场竞争中更具优势。

然而，绿色转型也需要企业投入一定的资金和精力，但这些投入将会在未来得到回报。因此，石油行业上游板块应该注重绿色转型，积极采取措施推进绿色发展，以实现经济效益和社会效益的双赢。

四、绿色转型对石油行业上游板块环境及可持续发展的影响

绿色转型对石油行业上游板块的环境和可持续发展产生了深远的影响。以下是对这些影响的详细分析。

（一）减少环境污染

石油行业上游板块在绿色转型过程中，采取了一系列环保措施，如采用

清洁生产技术、减少废气排放、提高废水处理效率等，从而显著减少了环境污染。这些措施不仅保护了环境，也为企业赢得了良好的社会声誉。

（二）降低资源消耗

绿色转型强调资源的有效利用和节约使用。石油行业上游板块通过采用先进的采油技术、优化生产流程、提高资源利用效率等方式，降低了资源消耗。这不仅为企业节省了成本，也为未来的可持续发展奠定了基础。

（三）提高能源利用效率

绿色转型使石油行业上游板块更加注重能源利用效率的提高。通过采用节能技术、优化能源结构、开展能源管理等方式，企业提高了能源利用效率，减少了能源浪费。这为企业节约了能源成本，也为环境保护做出了贡献。

（四）促进生态恢复和保护生物多样性

石油行业上游板块在绿色转型过程中，积极开展生态恢复和保护生物多样性的工作。通过采取生态补偿措施、支持野生动植物保护项目等方式，企业恢复了部分生态环境，保护了生物多样性。这为企业赢得了社会的认可和尊重，也为可持续发展做出了贡献。

（五）推动产业升级和创新发展

绿色转型使石油行业上游板块更加注重产业升级和创新发展。企业通过加大科技研发投入、引进先进技术、开展国际合作等方式，推动了产业升级和创新发展。这为企业提供了新的发展动力和竞争优势，也为未来的可持续发展注入了新的活力。

（六）促进社会经济可持续发展

绿色转型使石油行业上游板块更加关注社会经济可持续发展。通过采取环保措施和开展生态恢复等工作，企业为当地社区提供了更多的就业机会和经济发展机会。这有助于促进当地社区的经济社会发展，提高居民的生活质量。同时，这些举措也有助于增强企业与当地社区的关系，为企业赢得更多的支持和保障。

绿色转型对石油行业上游板块的环境和可持续发展产生了积极的影响。通过减少环境污染、降低资源消耗、提高能源利用效率等方式，企业实现了经济效益和社会效益的双赢。同时，这些举措也有助于推动产业升级和创新发展，促进社会经济可持续发展。因此，石油行业上游板块应该继续深入推进绿色转型，积极采取措施促进环境保护和可持续发展，以实现长期的稳定发展和社会的和谐共生。

第五章 "双碳"目标下石油行业上游板块发展新路径

第一节 推动高质量勘探开发，确保核心油气需求供给安全

一、优化勘探开发策略，提高资源发现和开发效率

在"双碳"目标下，石油行业上游板块需要寻找新的发展路径，以适应低碳、环保、可持续发展的要求。优化勘探开发策略、提高资源发现和开发效率是实现这一目标的重要途径。

（一）优化勘探开发策略

1.增加清洁能源勘探开发

在石油勘探开发中，应注重增加清洁能源的勘探和开发，如天然气、煤层气、页岩气等。这些清洁能源储量丰富，开发利用潜力巨大，可以降低石油在能源结构中的比重，有利于实现"双碳"目标。

2.加强深海和非常规油气资源开发

深海和非常规油气资源开发是未来石油上游板块的重要发展方向。通过加大科技研发投入，提高深海和非常规油气资源的开发效率，可以增加石油储量，提高国家能源安全水平。

3.推动数字化和智能化勘探开发

数字化和智能化技术的应用可以显著提高石油勘探开发的效率和精度。通过利用大数据、云计算、人工智能等技术，可以实现地质模型精细构建、储层预测精准可靠、开发方案优化设计等目标，从而提高资源发现和开发效率。

（二）提高资源发现和开发效率

1.加强地质研究，提高资源发现能力

加强地质研究，提高资源发现能力是实现石油上游板块可持续发展的关键。通过深入研究地质构造、储层特征、油气藏类型等因素，可以增加对油气资源的认识，提高发现概率，降低开发成本。

2.采用先进技术，提高开发效率

采用先进的钻井技术、完井技术、增产技术等可以提高油气资源的开发效率，降低能源消耗和环境污染。例如，采用水平井钻井技术可以提高单井产量，降低开发成本；采用压裂技术可以增产天然气等清洁能源。

3.优化生产管理，提高资源利用效率

优化生产管理可以提高油气资源的利用效率，降低浪费和污染。例如，采用智能化的生产管理系统可以实现生产过程的自动化和信息化，提高生产效率和产品质量；通过开展循环经济项目，可以实现废气、废水、废渣等的资源化利用，降低环境污染。

4.加强国际合作，拓展海外市场

通过加强国际合作，拓展海外市场可以提高我国石油上游板块的国际竞争力。通过与国际知名石油公司合作，可以引进先进技术和管理经验，提高自身发展水平；通过参与海外油气资源开发项目，可以增加我国在全球化石能源市场中的话语权和影响力。

在"双碳"目标下，石油行业上游板块需要积极探索新的发展路径，以适应可持续发展的要求。通过实施优化勘探开发策略、提高资源发现和开发效率等措施，可以增加清洁能源的供给，降低碳排放量，提高国家能源安全水平；同时也可以促进数字化智能化技术的应用和国际合作水平的提升。因此，石油行业上游板块应该积极采取措施，促进勘探开发的优化、提高资源发现和开发效率等目标的实现，以推动行业的可持续发展，为实现"双碳"目标做出更大的贡献。

二、加强技术创新，提升油气核心业务的竞争力

在"双碳"目标下，石油行业上游板块需要转变发展思路，加强技术创新，提升油气核心业务的竞争力。下面将从技术创新的角度出发，探讨石油行业上游板块如何实现可持续发展。

（一）加强技术创新，提高勘探开发水平

石油行业上游板块的核心业务是勘探和开发油气资源。随着全球能源结构的转型，传统化石能源的需求逐渐减少，对石油行业的可持续发展提出了更高的要求。因此，加强技术创新，提高勘探开发水平是石油行业上游板块的重要任务。

1.加大研发投入，提高自主创新能力

石油行业上游板块应该加大研发投入，提高自主创新能力，掌握关键核心技术。通过引进消化吸收再创新的方式，推动科技创新和产业升级。同时，加强与高校和科研机构的合作，建立产学研一体化创新平台，共同开展技术研究和应用。

2.推广数字化智能化技术，提高生产效率

数字化智能化技术的应用可以提高石油勘探开发的精度和效率。通过利用大数据、云计算、人工智能等技术，可以实现地质模型精细构建、储层预

测精准可靠、开发方案优化设计等目标。同时，数字化智能化技术还可以提高生产效率和管理水平，降低生产成本和风险。

3.推广清洁能源技术，降低碳排放量

石油行业上游板块应该积极推广清洁能源技术，如天然气、煤层气、页岩气等。这些清洁能源的开发利用可以降低石油在能源结构中的比重，有利于实现"双碳"目标。同时，通过采用碳捕获和储存技术等手段，可以降低油气开发过程中的碳排放量。

（二）提升油气核心业务的竞争力

1.提高资源发现和开发能力

提高资源发现和开发能力是石油行业上游板块的核心竞争力之一。通过加强地质研究和技术创新，可以增加对油气资源的认识，提高发现概率和开发效率。同时，加强非常规油气资源的开发利用，可以增加油气储量，提高国家能源安全水平。

2.优化生产管理，降低成本

优化生产管理是提升油气核心业务竞争力的关键。通过采用先进的生产管理模式和技术手段，可以提高生产效率和产品质量。例如，采用智能化的生产管理系统可以实现生产过程的自动化和信息化；采用先进的钻井技术和增产技术可以降低开发成本和提高单井产量。

3.加强国际合作，拓展海外市场

加强国际合作是提升我国石油行业上游板块国际竞争力的重要途径。通过与国际知名石油公司合作，可以引进先进技术和管理经验；通过参与海外油气资源开发项目，可以增加我国在全球化石能源市场中的话语权和影响力。同时还可以通过海外并购等方式扩展产业链和降低国内油气资源开发的风险。

三、确保油气供应链的稳定与安全，满足核心需求

在"双碳"目标下，石油行业上游板块的发展面临了新的挑战和机遇。除了加强技术创新，提升油气核心业务的竞争力外，确保油气供应链的稳定与安全，满足核心需求也是非常重要的。下面将从这一角度出发，探讨石油行业上游板块的发展新路径。

（一）确保油气供应链的稳定与安全

1.加强供应链管理，优化资源配置

石油行业上游板块应该加强供应链管理，优化资源配置，确保油气供应链的稳定与安全。通过建立科学的供应链管理体系，可以实现油气资源的合理配置和有效利用，避免资源浪费和短缺。同时，通过加强与供应商的合作，建立长期稳定的战略合作关系，可以降低供应链风险，提高抗风险能力。

2.加强基础设施建设，提高运输能力

石油行业上游板块应该加强基础设施建设，提高运输能力，确保油气供应链的畅通无阻。通过建设完善的油气运输网络和储运设施，可以实现对油气资源的合理调度和快速配送，提高供应效率和质量。同时，加强管道安全和维护工作，确保管道运输的安全性和稳定性。

3.强化应急响应能力，应对突发事件

石油行业上游板块应该强化应急响应能力，应对突发事件对油气供应链的影响。建立健全的应急管理体系，制定科学合理的应急预案和措施，确保在突发事件发生时能够迅速响应并采取有效措施，减轻对油气供应链的影响。

（二）满足核心需求，推动可持续发展

1.满足社会经济发展对油气的需求

石油行业上游板块应该以满足社会经济发展对油气的需求为出发点，加

强勘探开发力度，提高油气生产能力。同时，加强油气资源的综合利用和开发，推动清洁能源和新能源的发展，满足社会经济发展对多元化能源的需求。

2.推动绿色低碳发展

石油行业上游板块应该积极推动绿色低碳发展，降低碳排放量和对环境的影响。通过加强节能减排和环保技术的应用，可以减少勘探开发过程中的环境污染和资源浪费。同时，积极开发利用清洁能源和新能源，推动能源结构的优化和升级，实现绿色低碳发展目标。

3.加强企业社会责任的履行

石油行业上游板块应该加强企业社会责任的履行，关注员工福利和社区发展。通过加强企业社会责任的履行，可以促进企业与员工、社区之间的和谐发展，增强企业的社会责任感和形象。同时，积极参与公益事业和慈善活动，回馈社会，推动可持续发展。

第二节 加大节能减碳改造力度，助力绿色低碳发展

一、评估现有设施的能效水平，实施节能改造

在"双碳"目标下，石油行业上游板块的发展需要采取更加积极、创新的措施。评估现有设施的能效水平并实施节能改造是实现这一目标的重要途径。下面将从这一角度出发，探讨石油行业上游板块的发展新路径。

（一）评估现有设施的能效水平

1.开展能效评估工作

石油行业上游板块应该开展能效评估工作，全面了解现有设施的能效水平。通过科学的评估，可以发现设施在能源利用方面的瓶颈和问题，进而提出针对性的节能措施。同时，评估工作还可以为设施的改造和升级提供参考依据。

2.建立能效评估标准体系

石油行业上游板块应该建立能效评估标准体系，明确评估指标和方法，使能效评估工作规范化、标准化。通过建立标准体系，可以确保评估结果的客观性和可比性，为设施的能效提升提供指导方向。

3.加强评估结果的应用

石油行业上游板块应该加强评估结果的应用，将评估结果与设施的运行和维护紧密结合。根据评估结果，可以采取针对性的节能措施对设施进行改造，提高能源利用效率，降低能源消耗。

（二）实施节能改造

1.优化生产工艺流程

石油行业上游板块应该优化生产工艺流程，降低生产过程中的能源消耗。通过对生产工艺进行深入研究和分析，找出能源消耗的瓶颈和环节，采取相应的技术措施对工艺流程进行优化，提高生产效率的同时降低能源消耗。

2.推广节能技术和设备

石油行业上游板块应该推广节能技术和设备，提高设施的能源利用效率。例如，采用高效电动机、节能灯具、智能控制系统等节能技术和设备，可以降低设施的能源消耗，提高能源利用效率。

3.加强能源管理人才队伍建设

石油行业上游板块应该加强能源管理人才队伍建设，提高能源管理人员的专业素质和技能水平。通过开展培训、学习交流等活动，使能源管理人员具备相关的专业知识和技能，能够熟练掌握各种节能技术和设备，为实施节能改造提供人才保障。

4.建立节能监测与反馈机制

石油行业上游板块应该建立节能监测与反馈机制，对节能改造的效果进行实时监测和评估。通过安装能源计量器具和传感器等设备，实现对设施能源利用情况的实时监测和数据采集，将监测结果及时反馈给相关管理人员和技术人员，以便对节能改造措施进行调整和优化。

评估现有设施的能效水平并实施节能改造是石油行业上游板块在"双碳"目标下的发展新路径之一。通过实施开展能效评估工作、建立能效评估标准体系、加强评估结果的应用、优化生产工艺流程、推广节能技术和设备、加强能源管理人才队伍建设以及建立节能监测与反馈机制等措施，可以推动石油行业上游板块的可持续发展，为实现"双碳"目标做出更大的贡献。因此，石油行业上游板块应该重视现有设施的能效评估和节能改造工作，积极采取措施落实节能措施和优化生产工艺流程等任务，以推动行业的可持续发展，为实现"双碳"目标做出更大的贡献。

二、推广清洁能源，替代传统高碳能源

在"双碳"目标下，石油行业上游板块需要寻找新的发展路径，以适应低碳、清洁能源发展的需求。推广清洁能源，替代传统高碳能源是实现这一目标的重要途径。下面将从这一角度出发，探讨石油行业上游板块的发展新路径。

（一）推广清洁能源的必要性

1.应对气候变化

随着全球气候变化日益严重，减少碳排放已成为全球共同面临的问题。传统高碳能源是导致气候变化的主要原因之一，因此，推广清洁能源替代传统高碳能源是应对气候变化的重要措施。

2.符合国家能源战略

我国政府提出了"双碳"目标，表明了国家对于低碳、清洁能源发展的决心。石油行业上游板块作为能源领域的重要组成部分，推广清洁能源替代传统高碳能源符合国家能源战略。

3.提高能源利用效率

清洁能源具有高效、环保、可再生的特点，相比传统高碳能源，其利用效率更高，对于提高能源利用效率具有积极作用。

（二）推广清洁能源的措施

1.发展可再生能源

可再生能源是清洁能源的重要组成部分，包括太阳能、风能、水能等。石油行业上游板块可以积极发展可再生能源，逐步减少对传统高碳能源的依赖。例如，可以在油气田区域建设太阳能和风能发电站，利用这些可再生能源进行生产和生活用电的供应。

2.开发天然气水合物

天然气水合物是一种新型清洁能源，具有巨大的开发潜力。相比传统高碳能源，其燃烧产生的碳排放量较低，对于减少碳排放具有积极作用。石油行业上游板块可以积极开发天然气水合物，将其作为替代传统高碳能源的清洁能源之一。

3.加强技术创新

推广清洁能源需要加强技术创新，提高清洁能源的转化率和利用效率。石油行业上游板块可以加强与科研机构和企业的合作，引进先进技术，提高清洁能源的利用水平。例如，可以利用高效太阳能电池板和风能发电设备提高可再生能源的转化率，降低生产过程中的碳排放量。

4.提高公众环保意识

推广清洁能源需要提高公众的环保意识。石油行业上游板块可以通过宣传和教育等方式，向员工和社区居民普及环保知识，提高公众对于清洁能源的认知和接受程度。同时，还可以通过开展环保公益活动等方式，增强企业的社会责任感和形象。

在"双碳"目标下，石油行业上游板块需要寻找新的发展路径以适应低碳、清洁能源发展的需求。推广清洁能源替代传统高碳能源是实现这一目标的重要途径之一。通过发展可再生能源、开发天然气水合物、加强技术创新和提高公众环保意识等措施的实施，可以逐步减少对传统高碳能源的依赖，实现低碳、清洁的能源利用。同时，这也有助于提高企业的竞争力和形象，为实现"双碳"目标做出更大的贡献。因此，石油行业上游板块应该重视清洁能源的发展和推广工作，采取措施积极落实相关任务，以推动行业的可持续发展，为实现"双碳"目标做出更大的贡献。

三、研发低碳技术和产品，降低碳排放强度

在"双碳"目标下，石油行业上游板块需要积极研发低碳技术和产品，降低碳排放强度，以符合低碳、清洁能源发展的需求。下面将从这一角度出发，探讨石油行业上游板块的发展新路径。

（一）研发低碳技术和产品的必要性

1.应对气候变化

随着全球气候变化日益严重，减少碳排放已成为全球共同面临的问题。石油行业上游板块作为能源领域的重要组成部分，研发低碳技术和产品，降低碳排放强度是应对气候变化的重要措施。

2.符合国家能源战略

我国政府提出了"双碳"目标，表明了国家对于低碳、清洁能源发展的决心。石油行业上游板块研发低碳技术和产品，符合国家能源战略，有助于推动国家实现"双碳"目标。

3.提高企业竞争力

研发低碳技术和产品有助于提高企业的竞争力。随着全球对于低碳、清洁能源的需求不断增加，石油行业上游板块通过研发低碳技术和产品可以满足市场需求，提高市场份额和竞争力。

（二）研发低碳技术和产品的措施

1.加强技术创新

研发低碳技术和产品需要加强技术创新。石油行业上游板块可以加强与科研机构和企业的合作，引进先进技术，提高低碳技术和产品的研发水平。例如，可以利用先进的碳捕获和储存技术降低碳排放量，利用新型高效原油采收技术提高采收率等。

2.开发低碳产品

研发低碳技术和产品需要开发低碳产品。石油行业上游板块可以开发低碳燃料、可再生能源等产品，以满足市场需求。例如，可以开发高效生物柴油、氢能源等替代传统燃料的产品，减少碳排放量。

3.提高能源利用效率

提高能源利用效率是研发低碳技术和产品的关键。石油行业上游板块可以通过优化生产流程和提高设备能效等措施，提高能源利用效率，降低碳排放强度。例如，可以利用先进的节能技术改造生产设备，提高设备的能源利用效率。

4.加强产业链合作

研发低碳技术和产品需要加强产业链合作。石油行业上游板块可以与下游企业加强合作，共同研发低碳技术和产品，实现全产业链的低碳化。例如，可以与石化企业合作开发低碳塑料、可降解材料等产品，减少对传统高碳产品的依赖。

在"双碳"目标下，石油行业上游板块需要积极研发低碳技术和产品，降低碳排放强度。通过加强技术创新、开发低碳产品、提高能源利用效率和加强产业链合作等措施的实施，可以推动企业实现低碳化发展，符合国家能源战略和市场需求的发展趋势。同时也有助于提高企业的竞争力和形象，为实现"双碳"目标做出更大的贡献。因此，石油行业上游板块应该重视低碳技术和产品的研发和推广工作，采取措施积极落实相关任务，以推动行业的可持续发展，为实现"双碳"目标做出更大的贡献。

第三节　源网荷储一体化，构建新型电力系统

一、源网荷储一体化概述

随着能源结构的转型和新型电力系统的发展，源网荷储一体化成为当今能源领域的研究热点。

（一）源网荷储一体化的概念

源网荷储一体化是指在能源系统中，将电源、电网、负荷和储能设施进行深度融合，形成一个有机整体。通过优化配置和智能调度，实现能源的高效利用、清洁能源的充分消纳以及电力系统的稳定运行。

（二）源网荷储一体化的产生背景

随着全球气候变化和环境问题的日益严重，可再生能源的发展成为各国能源战略的重点。然而，可再生能源的间歇性和波动性给电网的稳定运行带来了挑战。此外，随着经济社会的发展，电力需求持续增长，对电力系统的可靠性和灵活性提出了更高的要求。因此，源网荷储一体化成为解决这些问题的重要途径。

（三）源网荷储一体化的发展历程

源网荷储一体化的发展可以分为三个阶段：萌芽期、探索期和发展期。

1.萌芽期

20世纪末至21世纪初，随着可再生能源的发展和电网规模的扩大，人们开始意识到能源系统需要向智能化和协调化方向发展。在这一时期，一些国家开始进行相关的研究和探索。

2.探索期

21世纪初至中期，随着技术的进步和能源结构的转型，越来越多的国家和地区开始推广和应用源网荷储一体化技术。在这一时期，各国根据自己的实际情况和发展需求，探索适合本国的源网荷储一体化模式。

3.发展期

21世纪中后期至今，随着全球气候变化和环境问题的加剧，源网荷储一体化得到了更广泛的关注和应用。在这一时期，各国纷纷加大投入力度，推动源网荷储一体化技术的创新和应用。

（四）源网荷储一体化的优势

1.提高能源利用效率

通过优化配置和智能调度，实现能源的高效利用，减少能源浪费。

2.促进清洁能源消纳

通过合理配置储能设施和优化调度，可以有效地解决可再生能源的间歇性和波动性问题，促进清洁能源的充分消纳。

3.提升电力系统稳定性

通过协调电源、电网、负荷和储能等资源，可以有效地提升电力系统的稳定性和可靠性。

4.降低运营成本

通过优化资源配置和智能调度，可以降低能源系统的运营成本，提高经济效益。

5.推动能源转型

源网荷储一体化是实现能源转型的重要途径之一，有助于推动全球能源结构向清洁、低碳、高效的方向发展。

（五）源网荷储一体化的实施路径

1.制订合理的规划方案

根据当地的资源条件、电力需求以及技术水平等因素，制订符合实际需求的规划方案。

2.推进技术创新

加强科技创新和研发投入力度，推动源网荷储一体化技术的持续创新和发展。

3.完善政策和法规体系

建立健全相关政策和法规体系，为源网荷储一体化的发展提供政策支持和法律保障。

4.加强国际合作与交流

积极参与国际合作与交流活动，分享经验和技术成果，共同推动全球能源结构的转型和发展。

二、源网荷储一体化的核心技术

（一）智能调度技术

智能调度技术是源网荷储一体化的核心，它能够实现对电源、电网、负荷和储能等资源的优化调度，确保电力系统的稳定运行。智能调度技术包括人工智能、大数据分析、云计算等先进技术的应用，可以对海量的数据进行分析处理，从而制定出最优的调度策略。

（二）储能技术

储能技术是源网荷储一体化的重要组成部分，它能够解决可再生能源的间歇性和波动性问题，提高电力系统的稳定性。目前，储能技术主要包括电池储能、超级电容储能、飞轮储能等，不同的储能技术适用于不同的应用场景。

（三）智能电网技术

智能电网技术是实现源网荷储一体化的基础，它能够实现对电网的智能化管理和控制。智能电网技术包括电力电子技术、通信技术、传感器技术等，可以对电网的运行状态进行实时监测和调控，提高电网的可靠性和稳定性。

（四）需求响应技术

需求响应技术是源网荷储一体化中的重要手段之一，它能够实现对电力需求的智能化管理和调控。需求响应技术包括智能家居、智能楼宇、智能城市等应用，可以通过对用户的行为进行分析和预测，制定出最优的需求响应策略，实现电力需求的合理分布和调控。

（五）虚拟电厂技术

虚拟电厂技术是源网荷储一体化中的一种重要模式，它能够将分散的分布式能源进行集中管理和调度。虚拟电厂技术包括能源互联网、物联网、云计算等技术的应用，可以通过对分布式能源的监测和控制，实现能源的优化配置和调度。

（六）微电网技术

微电网技术是一种新型的能源管理和运营模式，它可以实现对局部区域的能源智能化管理和运营。微电网技术包括分布式能源、储能设施、智能充电设施等应用，可以通过对微电网的运行状态进行实时监测和调控，提高能源的利用效率和可靠性。

（七）多能互补技术

多能互补技术是源网荷储一体化中的一种重要手段，它能够将多种能源进行互补利用和优化配置。多能互补技术包括燃气、热力、氢能等多种能源的应用，可以通过对不同能源的特点进行分析和优化，实现能源的高效利用和清洁利用。

（八）优化决策技术

优化决策技术是源网荷储一体化中的关键技术之一，它能够对海量的数据进行分析和处理，制订出最优的决策方案。优化决策技术包括数学建模、仿真模拟、优化算法等技术的应用，可以对电力系统的运行状态进行实时监测和预测，制订出最优的调度和运营方案。

（九）安全防护技术

安全防护技术是源网荷储一体化中的重要保障措施之一，它能够保障电力系统的安全稳定运行。安全防护技术包括网络安全、数据安全、设备安全等技术的应用，可以对电力系统的安全状态进行实时监测和预警，及时发现和处理安全隐患。

三、源网荷储一体化面临的挑战与解决方案

随着能源转型和电力市场改革的深入推进，源网荷储一体化成为新型电力系统发展的重要方向。然而，在实际应用中，源网荷储一体化也面临着一系列的挑战。

（一）源网荷储一体化面临的挑战

1.技术难题

源网荷储一体化涉及多个领域的技术，如电力电子、储能技术、通信和控制技术等。这些技术的成熟度和协同性是实现一体化的关键。目前，部分技术仍处于发展阶段，尚未完全成熟。

2.调度与控制

源网荷储一体化需要实现对各类电源、电网、负荷和储能的统一调度与控制。这涉及复杂的优化算法和控制系统，对技术和运营能力提出了更高的要求。

3.储能技术发展滞后

储能是源网荷储一体化的重要环节，但目前储能技术的发展尚未满足大规模应用的需求。储能成本高、寿命短、安全隐患等问题制约了其发展。

4.政策和市场环境

源网荷储一体化的发展还需要政策的支持和市场的配合。例如，电力市场的价格机制、可再生能源的补贴政策等都可能影响一体化的实施。

（二）解决方案和建议

1.技术研发与创新

加强技术研发和创新，提高关键技术的成熟度和协同性。例如，加大对电力电子、储能技术、通信和控制技术等的研发投入，推动技术的进步和突破。

2.提升调度与控制能力

加强技术合作和人才培养，提升对各类电源、电网、负荷和储能的调度与控制能力。建立统一的调度平台，运用先进的优化算法和控制系统，实现各类资源的优化配置和调度。

3.促进储能技术的发展

加大对储能技术的研发支持力度，推动储能成本的下降、寿命的延长和安全性的提高。同时，积极探索新型储能技术，如超级电容、飞轮储能等，以满足源网荷储一体化的需求。

4.完善政策和市场环境

呼吁政府出台相关政策，支持源网荷储一体化的发展。例如，制定合理的可再生能源补贴政策、完善电力市场的价格机制等。同时，加强与市场的合作，推动一体化的商业化运营。

5.加强国际合作与交流

借鉴国际先进的经验和做法，加强与国际组织和企业的合作与交流。通过国际合作，共同推动源网荷储一体化的发展和技术创新。

6.建立示范工程和项目

选择具有代表性的地区或项目，建立源网荷储一体化的示范工程和项目。通过示范工程的实施，积累实践经验，为大规模推广提供参考和借鉴。

7.培育专业人才队伍

加强人才培养和队伍建设，培养一批具备专业知识和管理经验的人才。

通过人才引进和内部培训等方式，提升人才队伍的整体素质和能力。

8.建立健全标准体系

制定和完善源网荷储一体化的相关标准和技术规范。通过标准化建设，促进技术的规范发展和资源的优化配置。同时，积极参与国际标准制定，提升我国在源网荷储一体化领域的国际话语权。

9.强化风险管理

对源网荷储一体化实施过程中可能出现的风险进行充分评估和管理。制定风险应对策略，降低潜在风险对项目的影响。同时，建立风险预警机制，及时发现和解决潜在问题。

10.推动多方参与和合作

鼓励企业、研究机构、政府等多方参与源网荷储一体化的合作与建设。通过多方合作，发挥各自优势，共同推动源网荷储一体化的发展。同时，建立合作机制和平台，促进各方之间的交流与协作。

源网荷储一体化是新型电力系统发展的重要方向，具有广阔的应用前景。面对技术、调度与控制、储能技术发展滞后等挑战，需采取多种措施共同应对。这些挑战需要政府企业研究机构等多方共同努力，以推动源网荷储一体化的顺利实施和发展

四、源网荷储一体化的发展趋势与未来展望

随着全球能源转型的加速和电力市场的改革，源网荷储一体化成为新型电力系统发展的重要方向。源网荷储一体化通过优化资源配置、提高系统灵活性、促进可再生能源消纳等方面，为解决能源和环境问题提供了有效的解决方案。

（一）源网荷储一体化的发展趋势

1.数字化和智能化技术的应用

随着数字化和智能化技术的不断发展，源网荷储一体化系统的技术基础得到了有力支撑。通过大数据、云计算、物联网、人工智能等技术的应用，可以实现能源数据的实时采集、传输、分析和优化，进一步提高能源的利用效率和系统的稳定性。

2.储能技术的快速发展

储能技术是源网荷储一体化中的关键技术之一。随着电池、超级电容、飞轮等储能技术的发展，储能设备的性能得到了显著提升，成本也在不断下降。未来，储能技术将在源网荷储一体化中发挥更加重要的作用，为可再生能源的消纳和电力系统的稳定运行提供重要保障。

3.多元化能源系统的融合发展

源网荷储一体化将实现多种能源系统的融合发展，包括电力系统、热力系统、制冷系统等。这种融合能够充分发挥各种能源的优势，提高能源的利用效率和系统的稳定性。未来，多元化能源系统的融合将成为源网荷储一体化发展的重要趋势之一。

4.创新商业模式的探索

源网荷储一体化的发展需要探索创新的商业模式。这种商业模式应该能够实现能源的合理配置和优化调度，提高能源的利用效率和系统的稳定性，同时还能满足各方的经济利益需求。未来，随着源网荷储一体化应用的不断扩大，将会有更多创新的商业模式出现。

（二）源网荷储一体化的未来展望

1.更广阔的应用前景

随着可再生能源的大规模开发和利用，电力系统对灵活性资源的需求将不断增加。源网荷储一体化能够通过优化资源配置和调度，提高电力系统的灵活性和可靠性，更好地应对可再生能源的不确定性。因此，未来源网荷储一体化的应用场景将更加广泛，不仅仅局限于大型的园区、城市或区域，还可以应用于分布式、微电网等领域。

2.持续的技术创新

随着技术的发展和进步，源网荷储一体化将不断实现技术突破和创新。例如，储能技术的成本将进一步下降、寿命将进一步延长，性能将得到提高；电力电子技术将更加成熟，能够更好地实现不同类型电源、电网、负荷和储能之间的转换和控制；通信和控制技术也将不断进步，为一体化系统的调度与控制提供更加可靠的技术支持。

3.政策支持和市场驱动相结合的发展模式

随着政策和市场的不断完善，源网荷储一体化的发展也将得到更多的支持和推动。政府将出台更加优惠的能源政策，鼓励可再生能源的发展和利用；电力市场将更加开放和透明，为一体化系统的运营提供更加公平的市场环境；同时，企业也将积极探索商业模式的创新，推动源网荷储一体化的可持续发展。政策支持和市场驱动相结合的发展模式将为源网荷储一体化的发展提供强大的动力。

4.全球范围内的合作与交流加强

随着全球能源转型的推进和跨区域能源互联的不断发展，全球范围内的合作与交流将成为源网荷储一体化发展的重要趋势。各国将加强在技术研发、标准制定、政策制定等方面的合作与交流，共同推动源网荷储一体化在全球范围内的应用和发展。

总之，源网荷储一体化的发展趋势和未来展望非常广阔和美好。它将为新型电力系统的建设和发展提供重要的支撑和推动作用，助力实现能源的清洁、高效、可持续发展。在未来发展中，需要不断加强技术研发、商业模式创新、政策支持和市场驱动等方面的努力，共同推动源网荷储一体化的广泛应用和发展。

第四节 统筹多能互补供热体系，推广清洁热能应用

一、利用多种能源资源，实现供热的多元化和清洁化

随着全球能源结构转型的推进和环境保护要求的提高，供热系统的多元化和清洁化已成为全球各国关注的焦点。传统的供热系统主要以煤炭、石油等化石能源为主要能源，但其燃烧过程中产生的污染和温室气体对环境造成了严重影响。因此，利用多种可再生能源和清洁能源，实现供热的多元化和清洁化，已成为现代城市可持续发展的重要方向。

（一）多种能源资源的利用

1.太阳能供热

利用太阳能集热器将太阳能转化为热能，用于供热和热水等用途。太阳能供热具有清洁、可再生、无噪声、无污染等优点，是未来城市供热的重要发展方向之一。

2.风能供热

利用风力发电机将风能转化为电能，再将电能转化为热能，用于供热等用途。风能供热具有清洁、可再生、无噪声、无污染等优点，是一种极具潜力的清洁能源。

3.地热能供热

利用地热能热泵将地热能转化为热能，用于供热和热水等用途。地热能供热具有清洁、可再生、无噪声、无污染等优点，是一种极具潜力的清洁能源。

4.生物质能供热

利用生物质燃料燃烧产生热能，用于供热和热水等用途。生物质能供热具有清洁、可再生、低排放等优点，是一种具有广泛应用前景的清洁能源。

5.水源热泵供热

利用水源热泵将水源中的热能转化为热能，用于供热和热水等用途。水源热泵供热具有清洁、可再生、无噪声、无污染等优点，是一种极具潜力的清洁能源。

（二）多元化和清洁化的实现途径

1.能源结构的优化

加大对可再生能源和清洁能源的开发和利用力度，逐步减少对化石能源的依赖，优化能源结构，提高能源利用效率。

2.技术创新

加强技术创新和研发，提高太阳能、风能、地热能、生物质能和水源热泵等清洁能源的技术水平和应用范围，降低成本，提高市场竞争力。

3.政策支持

政府应加大对清洁能源发展的政策支持和引导力度，制定相应的税收优惠、补贴政策、市场准入等措施，推动清洁能源的广泛应用和发展。

4.基础设施建设

加强太阳能、风能、地热能、生物质能和水源热泵等清洁能源基础设施的建设和维护，提高能源供应的可靠性和稳定性。

5.能耗管理

加强能耗管理，推广节能技术，提高能源利用效率，减少能源浪费，为多元化和清洁化的供热提供有力保障。

6.公众参与

加强公众教育和宣传，提高公众对清洁能源重要性的认识和参与度，形成全社会共同关注和推动清洁能源发展的良好氛围。

利用多种能源资源，实现供热的多元化和清洁化是未来城市发展的重要方向之一。加大对清洁能源的开发和利用力度，提高能源利用效率，减少对环境的影响，是实现可持续发展的重要途径。政府、企业和公众应共同努力，推动清洁能源的发展和应用，为建设美丽中国和促进全球能源可持续发展做出贡献。

二、推广低排放和零排放供热技术，减少环境污染

随着城市化进程的加速和能源结构的转型，供热系统的能源消耗和环境污染问题日益严重。传统的供热系统主要以煤炭、石油等化石能源为主要能源，其燃烧过程中产生的硫化物、氮化物和颗粒物等污染物对环境和人类健康造成了严重影响。因此，推广低排放和零排放供热技术，减少环境污染已成为现代城市可持续发展的重要方向。

（一）低排放和零排放供热技术

1.高效燃烧技术

通过改进燃烧方式和提高燃烧效率，降低燃烧过程中污染物的排放量。例如，使用高效锅炉、烟气再循环等技术措施，减少硫化物、氮化物和颗粒物的排放。

2.排放处理技术

利用各种排放处理技术，对燃烧过程中产生的污染物进行处理，以达到低排放或零排放的目标。例如，使用脱硫、脱硝、除尘等处理技术，减少污染物排放。

3.可再生能源供热技术

利用太阳能、风能、地热能等可再生能源代替化石能源进行供热，从根本上解决能源消耗和环境污染问题。例如，使用太阳能集热器、风力发电机、地热能热泵等技术措施进行供热。

4.分布式能源系统

利用分布式能源系统，将多种能源资源进行优化组合和综合利用，提高能源利用效率，减少污染物排放。例如，将太阳能、风能、地热能等可再生能源与燃气、电力等传统能源进行优化组合和综合利用。

（二）推广低排放和零排放供热技术的措施

1.政策引导

政府应加大对低排放和零排放供热技术的政策支持和引导力度，制定相应的税收优惠、补贴政策、市场准入等措施，鼓励企业和个人使用低排放和零排放供热技术。

2.技术创新

加强技术创新和研发，提高低排放和零排放供热技术的科技水平和应用范围，降低成本，提高市场竞争力。例如，开发新型高效锅炉、烟气处理技术、可再生能源利用技术等。

3.示范项目

建设低排放和零排放供热技术的示范项目，展示其技术和经济效益，为其他地区和企业提供参考和借鉴。

4.宣传教育

加强宣传教育，提高公众对低排放和零排放供热技术的认识和接受程度，形成全社会共同关注和推动低排放和零排放供热技术发展的良好氛围。

5.国际合作

加强国际合作，引进国外先进的低排放和零排放供热技术和管理经验，促进国际的交流与合作。

推广低排放和零排放供热技术是实现可持续发展的重要途径之一。通过政策引导、技术创新、示范项目、宣传教育和国际合作等多种措施，积极推广低排放和零排放供热技术，减少环境污染，促进城市可持续发展和社会进步。同时，企业和个人也应该积极参与到低排放和零排放供热技术的推广和应用中来，共同推动绿色城市建设和全球环境治理。

三、提高能源利用效率，降低供热成本

随着全球能源结构的转型和环境保护意识的提高，提高能源利用效率、降低供热成本已成为供热行业的重要发展方向。传统的供热系统存在着能源利用效率低、成本高的问题，不仅造成了大量的能源浪费，还增加了企业的运营成本。因此，提高能源利用效率、降低供热成本对于实现可持续发展、提高企业竞争力具有重要意义。

（一）提高能源利用效率的措施

1.优化供热系统设计

优化供热系统设计是提高能源利用效率的关键。采用先进的供热系统设计，可以合理配置热源、管道、换热器等设备，提高系统的能源利用效率。例如，采用换热效率高的换热器、优化管道布局等措施，减少能源损失。同时，可以考虑采用新型的能源供应方式，如分布式能源站，将传统的集中供

热方式转变为多源供热，实现能源的梯级利用，进一步提高能源利用效率。

2.实施智能化控制

智能化控制是提高能源利用效率的重要手段。通过智能化控制系统，可以实现对供热系统的实时监控和自动调节，使系统运行在最佳状态。例如，利用物联网技术、传感器等设备，实现对供热系统的远程监控和自动化控制。同时，可以通过智能化控制系统对供热系统进行精细化调节，减少能源浪费。例如，通过智能化的温度控制系统，将室内温度控制在舒适的范围内，减少能源浪费。

3.回收余热

回收余热是提高能源利用效率的有效途径。将系统中产生的余热进行回收再利用，可以减少能源浪费。例如，采用热回收技术，将排烟中的余热进行回收，用于预热供暖用水。同时，可以考虑采用热电联产等技术，将部分余热转化为电能，提高能源利用效率。

4.优化运行方式

优化运行方式可以提高能源利用效率。根据实际情况，可以采取间歇式供暖、按需供暖等运行方式，避免能源浪费。例如，在夜间或人员活动较少的区域，可以采取间歇式供暖方式，减少能源消耗量。同时，可以对供热系统的运行参数进行优化调整，使系统运行在最佳状态。例如，调整供热系统的水压、水温等参数，提高系统的供热效率。

（二）降低供热成本的措施

1.降低燃料成本

采用低成本、高效率的燃料可以降低供热成本。例如，采用天然气、生物质能等替代传统的煤炭等化石能源。同时，合理配置燃料库存可以降低燃料采购成本。另外，可以考虑采用燃料加工技术对燃料进行提纯、脱硫等处理，提高燃料的燃烧效率和经济性。

2.加强成本控制

建立完善的成本控制体系可以降低供热成本。例如制定合理的成本预算、实施成本控制措施等可以有效降低供热成本。同时加强成本控制也可以避免浪费和不必要的开支。例如，对供热系统的维护和检修工作进行合理安排和控制，可以有效避免设备故障和维护费用的浪费。另外，合理安排人员和工作计划也可以有效降低人力成本和时间成本，从而降低总成本。同时，加强与供应商的合作与沟通也可以有效降低采购成本和库存成本等。

3.开展能源审计

通过开展能源审计可以对供热系统的能源利用情况进行全面评估和分析，从而发现和改进能源浪费问题，同时开展能源审计也可以为企业提供节能减排等方面的建议和指导，帮助企业更好地降低成本和提高效益。开展能源审计的过程中需要对各种设备和系统进行监测和分析，例如，监测设备的运行状况和分析系统的能耗情况等，通过这些数据可以确定哪些设备和系统需要改进或升级，以进一步提高能源利用效率和降低成本。同时，也可以通过对比不同时间段的数据和分析结果来评估节能措施的实际效果和对系统的影响程度，从而更好地优化整个供热系统以实现更高效的能源利用和更低的成本支出。这些都可以帮助企业更好地管理供热系统的运行和维护工作，并为企业带来更多的经济效益和社会效益。

第五节 积极拓展共生/伴生资源，打造新的业务增长点

一、开发利用油气共生/伴生资源，提高综合利用效益

开发利用油气共生/伴生资源是提高综合利用效益的重要途径。在全球范围内，油气共生/伴生资源储量丰富，分布广泛，开发利用这些资源对于保障国家能源安全、促进经济发展具有重要意义。下面将探讨开发利用油气共生/伴生资源的现状、问题及发展前景，并提出相应的政策建议。

（一）油气共生/伴生资源的概述

油气共生/伴生资源是指在石油和天然气开采过程中产生的其他有价值的资源，如煤层气、地热、油砂等。这些资源在开采过程中可以同时被利用，提高能源利用效率，降低开采成本。其中，煤层气是指赋存在煤层中的天然气，是一种清洁、高效的能源；地热是一种可再生的能源，可用于发电、供暖等；油砂是一种非常规石油资源，开采技术尚需进一步发展。

（二）开发利用油气共生/伴生资源的现状及问题

1.开发利用程度低

目前，全球范围内对于油气共生/伴生资源的开发利用程度还比较低。许多国家和地区对于这些资源的认识不足，缺乏相应的技术和政策支持，导致开发利用程度远远低于石油和天然气的开发利用。

2.技术难度大

油气共生/伴生资源的开发利用技术难度较大，需要攻克许多技术难关。

例如，煤层气的开发需要掌握煤层渗透性、气体吸附和解吸等关键技术；地热的开发需要解决地热能提取、储存和输送等技术问题；油砂的开发需要研究高效的开采和加工技术。

3.环保问题

油气共生/伴生资源的开发利用过程中也存在一些环保问题。例如，煤层气的开采可能会引起地下水污染和地表沉陷等问题；地热的开发可能会导致地质灾害和热污染等问题；油砂的开采可能会破坏地表生态和造成环境污染等。

（三）发展前景及政策建议

1.加强技术研发

加强技术研发是推动油气共生/伴生资源开发利用的重要手段。政府可以加大对相关科研机构和企业的支持力度，鼓励企业加强技术研发和创新，推动产学研一体化发展。同时，可以引进国外先进技术，加快技术转化和应用。

2.完善政策体系

完善政策体系是促进油气共生/伴生资源开发利用的重要保障。政府可以制定相应的政策措施，鼓励企业加大对油气共生/伴生资源的开发利用力度。例如，可以给予税收优惠、财政补贴等经济激励措施，还可以加强监管力度，规范行业发展秩序。

3.加强国际合作

加强国际合作是推进油气共生/伴生资源开发利用的重要途径。政府可以积极参与国际合作项目，加强与相关国家和地区的交流与合作，共同攻克技术难关和解决环保问题。同时，可以积极引进国外先进技术和经验，提高我国在油气共生/伴生资源开发利用领域的整体水平。

4.提高公众意识

提高公众意识是促进油气共生/伴生资源开发利用的重要环节。政府可以通过宣传教育、科普活动等方式，加强公众对油气共生/伴生资源的认识和了解，提高公众的环保意识和可持续发展意识。同时，可以加强对企业的宣传力度，鼓励企业积极履行社会责任，推动行业健康发展。

开发利用油气共生/伴生资源是提高综合利用效益的重要途径。虽然目前还存在一些技术和环保问题需要解决，但随着科技的不断进步和政策的不断完善，相信这些问题将逐渐得到解决。政府应加大对相关领域的支持力度，加强技术研发、完善政策体系、加强国际合作和提高公众意识等方面的工作，推动油气共生/伴生资源的开发利用向更高水平发展。

二、推动非常规资源开发，拓展业务领域和市场空间

非常规资源在近年来得到了广泛的关注和发展，因为它们对于保障国家能源安全、降低对传统能源的依赖具有重要意义。下面将探讨推动非常规资源开发的重要性、拓展业务领域和市场空间的策略，并提出相应的政策建议。

（一）非常规资源的概述

非常规资源是指在传统技术条件下难以开采和利用的资源，如页岩气、致密气、煤层气等。这些资源在全球范围内分布广泛，储量丰富，但由于技术难度较大，需要采用特殊的技术和设备进行开采。随着技术的不断进步和成本的不断降低，非常规资源的开发逐渐成为全球能源领域的重要发展方向。

（二）推动非常规资源开发的重要性

1.保障国家能源安全

非常规资源的开发对于保障国家能源安全具有重要意义。随着经济的快速发展和人口的不断增长，传统能源的供应已经难以满足需求，而非常规资源的开发可以为国家提供更多的能源供应渠道，降低对传统能源的依赖。

2.促进经济发展

非常规资源的开发可以带动相关产业的发展，促进就业和经济增长。例如，页岩气的开发可以带动压裂设备、钻井设备等产业的发展，致密气的开发可以带动油气田工程、化工等领域的发展。这些产业的发展可以为国家带来更多的税收和经济效益。

3.推动技术创新

非常规资源的开发需要攻克许多技术难关，例如页岩气需要掌握水平钻井、水力压裂等技术；致密气需要解决低渗透、低产等问题。这些技术难关的攻克可以推动技术创新和科技进步，提高国家的核心竞争力。

（三）拓展业务领域和市场空间的策略

1.加强技术研发和创新

加强技术研发和创新是拓展非常规资源业务领域和市场空间的重要手段。政府可以加大对相关科研机构和企业的支持力度，鼓励企业加强技术研发和创新，推动产学研一体化发展。同时，可以引进国外先进技术，加快技术转化和应用。

2.完善政策体系和法律法规

完善政策体系和法律法规是促进非常规资源开发的重要保障。政府可以制定相应的政策措施，鼓励企业加大对非常规资源的开发利用力度。例如，可以给予税收优惠、财政补贴等经济激励措施，还可以加强监管力度，规范行业发展秩序。同时，完善法律法规可以保障企业的合法权益，推动行业的健康发展。

3.加强国际合作和交流

加强国际合作和交流是推进非常规资源开发的重要途径。政府可以积极参与国际合作项目，加强与相关国家和地区的交流与合作，共同攻克技术难关和解决环保问题。同时，可以积极引进国外先进技术和经验，提高我国在非常规资源开发领域的整体水平。

4.培育市场需求和推动消费升级

培育市场需求和推动消费升级是拓展非常规资源业务领域和市场空间的重要手段。政府可以通过宣传教育、科普活动等方式，提高公众对非常规资源的认识和了解，引导公众使用非常规能源产品。同时，可以加大对新能源产业的支持力度，推动新能源汽车、光伏发电等产业的发展，扩大非常规能源的市场需求。此外，可以通过政府采购、示范工程等方式推动消费升级，提高非常规能源产品的质量和竞争力。

推动非常规资源开发具有重要的意义和价值。通过加强技术研发和创新、完善政策体系和法律法规、加强国际合作和交流以及培育市场需求和推动消费升级等措施的实施，可以有效地拓展非常规资源业务领域和市场空间，推动经济发展，促进国家的繁荣和社会的进步，最终实现可持续发展目标。

三、加强国际合作，实现资源共享和互利共赢

加强国际合作，实现资源共享和互利共赢是推动非常规资源开发的重要途径。随着全球经济的不断发展和能源需求的不断增长，非常规资源的开发利用已经成为各国的重要战略方向。通过国际合作，可以共同攻克技术难关、降低开发成本、实现资源共享和互利共赢，对于保障全球能源安全、促进经济发展具有重要意义。

（一）国际合作在非常规资源开发中的重要性

1.共同攻克技术难关

非常规资源的开发需要攻克许多技术难关，例如页岩气需要掌握水平钻井、水力压裂等技术；致密气需要解决低渗透、低产等问题。这些技术难关

的攻克需要各国共同合作，分享经验和技术成果，共同推动技术创新和进步。

2.降低开发成本

非常规资源的开发成本较高，需要各国共同合作，通过联合采购、联合生产等方式降低开发成本。同时，通过共享资源和经验，可以提高开发效率和质量，进一步降低开发成本。

3.实现资源共享和互利共赢

各国在非常规资源开发方面各有优势和劣势，通过国际合作可以实现资源共享和互利共赢。例如，一些国家在页岩气领域具有先进的技术和经验，而一些国家则拥有丰富的页岩气资源。通过国际合作可以实现优势互补，提高资源利用效率和收益。

（二）国际合作的现状和问题

1.国际合作的现状

目前，全球各国已经开展了一系列非常规资源开发领域的国际合作。例如，美国和加拿大在页岩气领域开展了广泛的合作，共同研发水力压裂等技术；中国和澳大利亚在煤层气等领域也开展了合作。这些国际合作有力地推动了非常规资源的开发利用。

2.国际合作的问题

国际合作也存在一些问题。首先，各国在非常规资源开发方面存在不同的利益诉求和目标，难以达成一致的合作意向。其次，一些国家存在技术封锁和知识产权保护等问题，阻碍了国际合作的开展。此外，一些国家在环保和社会责任方面存在差异，也给国际合作带来了一定的挑战。

（三）加强国际合作的措施和建议

1.建立多边合作机制

加强国际合作需要建立多边合作机制，促进各国之间的交流与合作。可以建立国际非常规资源开发委员会等机构,负责协调各国之间的合作事务。同时,可以建立国际技术转移平台和联合实验室等机构,促进技术创新和转移。

2.加强知识产权保护和开放共享

加强国际合作需要加强知识产权保护和开放共享。各国应该加强知识产权保护力度,尊重他人的知识产权权益。同时,应该推动技术开放共享,促进技术转移和推广应用。此外,应该加强技术合作,共同研发关键技术和设备。

3.加强环保和社会责任意识的培养

加强国际合作需要加强环保和社会责任意识的培养。各国应该加强环保和社会责任方面的宣传教育,提高公众的环保意识和责任感。同时,应该加强环保和社会责任方面的国际交流与合作,培养一批具有环保和社会责任意识的企业和人才,推动非常规资源的可持续开发利用,为全球能源转型做出积极贡献。

第六节 做强 CCUS 产业链,助力碳中和目标实现

一、加强 CCUS 技术研发和示范,提高碳捕集和利用效率

CCUS(碳捕集、利用与封存)技术是应对气候变化、减缓碳排放的重要手段之一。加强 CCUS 技术的研发和示范,提高碳捕集和利用效率,对于推动全球可持续发展和环境保护具有重要意义。

(一)CCUS 技术概述

CCUS 技术是指将排放源中的二氧化碳捕集下来,然后通过输送、压缩、液化等环节,将其运送到适宜的地点进行封存或利用。这项技术可以有效减少温室气体排放,减轻对环境的破坏,同时也可以为工业生产提供可持续的

能源。

（二）加强 CCUS 技术研发的重要性

1.应对气候变化

全球气候变化已经成为人类面临的重大挑战之一。二氧化碳等温室气体的排放是导致气候变化的主要原因之一。加强 CCUS 技术的研发和应用，可以减少二氧化碳排放，减轻对环境的破坏，对于应对气候变化具有重要意义。

2.促进可持续发展

可持续发展是当前社会发展的趋势，要求在经济发展过程中，注重环境保护和资源节约。加强 CCUS 技术的研发和应用，可以提高能源利用效率，减少能源消耗，同时也可以为工业生产提供可持续的能源，促进可持续发展。

3.推动科技进步

CCUS 技术涉及多个领域，包括化学工程、环境工程、地质工程等。加强 CCUS 技术的研发和应用，可以推动相关领域的技术进步和创新，提高各国的科技水平和创新能力。

（三）提高碳捕集和利用效率的措施

1.加强研发投入

提高碳捕集和利用效率需要加强研发投入，推动相关技术的研发和创新。政府和企业应该加大对 CCUS 技术研发的投入力度，支持相关科研机构和企业进行技术创新和研发。

2.优化碳捕集和利用流程

碳捕集和利用流程是提高效率的关键环节之一。应该优化碳捕集和利用流程，提高各个环节的效率和稳定性。例如，采用新型吸附材料和高效分离技术，提高二氧化碳的捕集率和纯度；采用新型能源技术和高效压缩机等设备，提高二氧化碳的输送和压缩效率；采用新型地质工程技术，提高二氧化碳的封存效率等。

3.推动产业协同发展

CCUS 技术涉及多个领域和产业，包括能源、化工、环保等。应该推动这些产业之间的协同发展，促进技术创新和转移。例如，能源企业可以和化工企业合作，共同研发新型碳捕集和利用技术；环保企业可以和地质工程企业合作，共同开展二氧化碳地质封存项目等。

加强 CCUS 技术的研发和示范，提高碳捕集和利用效率，是应对气候变化、促进可持续发展、推动科技进步的重要途径之一。应该加强研发投入、优化碳捕集和利用流程、推动产业协同发展等措施的实施力度，不断推动 CCUS 技术的发展和应用，为实现全球可持续发展目标做出积极贡献。

二、加强政策引导和支持，推动 CCUS 技术的推广和应用

加强政策引导和支持是推动 CCUS 技术推广和应用的关键。政府可以通过制定相关政策和规划，提供税收优惠、贷款支持、研发资金支持等措施，鼓励企业参与 CCUS 产业链的构建和发展，推动 CCUS 技术的推广和应用。

（一）政策引导的重要性

政策引导是推动 CCUS 技术推广和应用的重要手段。政府可以通过制定相关政策和规划，明确 CCUS 技术的发展方向和目标，引导企业和科研机构加强 CCUS 技术研发和应用，推动 CCUS 产业链的发展和完善。同时，政府还可以通过提供税收优惠、贷款支持、研发资金支持等措施，鼓励企业参与 CCUS 产业链的构建和发展，提高企业的积极性和参与度。

（二）政策支持的措施

1.税收优惠

政府可以通过给予 CCUS 技术相关企业税收优惠等措施，鼓励企业进行

CCUS 技术研发和应用。例如，可以给予企业所得税减免、增值税减免等税收优惠政策，降低企业的成本和负担，提高企业的竞争力。

2.贷款支持

政府可以设立专项贷款基金，为 CCUS 技术相关企业提供贷款支持。通过给予较低的利率和贷款期限，减轻企业的资金压力，提高企业的积极性和参与度。

3.研发资金支持

政府可以设立专项研发资金，支持企业和科研机构进行 CCUS 技术研发和应用。通过给予研发资金支持，提高企业和科研机构的技术研发能力和水平，推动 CCUS 技术的创新和发展。

（三）加强政策引导和支持的建议

1.制定明确的政策和规划

政府应该制定明确的 CCUS 技术政策和规划，明确 CCUS 技术的发展方向和目标，引导企业和科研机构加强 CCUS 技术研发和应用。同时，应该制定相应的评估指标和考核标准，对政策的实施效果进行评估和考核。

2.加强宣传和推广力度

政府应该加强 CCUS 技术的宣传和推广力度，提高企业和公众对 CCUS 技术的认识和了解程度。可以通过举办技术展览、开展科普活动、发布技术指南等方式，让企业和公众更加深入地了解 CCUS 技术的优势和应用前景。

3.加强产业协同发展

政府应该加强能源、化工、环保等产业之间的协同发展，推动 CCUS 产业链的构建和发展。可以通过政策引导和支持，促进各产业之间的联系和合作，共同研发和应用 CCUS 技术，形成完整的 CCUS 产业链条。

4.加强国际合作和交流

政府应该加强与国际组织和国家的合作和交流,共同推动 CCUS 技术的发展和应用。可以通过引进国外先进技术和管理经验,促进国际的合作和交流,提高我国 CCUS 技术的水平和竞争力。

加强政策引导和支持是推动 CCUS 技术推广和应用的关键。政府应该制定明确的政策和规划,提供税收优惠、贷款支持、研发资金支持等措施,加强宣传和推广力度,加强产业协同发展,加强国际合作和交流等多种手段综合应用来推动 CCUS 技术的发展和应用,为实现全球可持续发展目标做出积极贡献。

第七节 做大"源汇匹配"平台,助力 CCUS 工业化

一、建立"源汇匹配"平台,实现资源的高效整合和优化配置

建立"源汇匹配"平台是一个实现资源高效整合和优化配置的重要手段。通过这个平台,可以将各种资源进行集中管理和调度,根据实际需求进行合理分配,从而提高资源的利用效率,减少浪费和不必要的消耗。

(一)背景与意义

随着社会经济的快速发展,资源的消耗和需求也越来越大。然而,由于资源分布不均、供需不平衡等问题,很多地区的资源利用效率不高,甚至出现了资源浪费的情况。为了解决这些问题,建立"源汇匹配"平台具有重要的意义。

"源汇匹配"是指将不同来源的资源进行整合和优化配置，使其达到最佳的利用效果。这个平台可以将各种资源进行集中管理和调度，根据实际需求进行合理分配，从而提高资源的利用效率，减少浪费和不必要的消耗。同时，"源汇匹配"平台还可以促进不同地区之间的资源共享和合作，推动区域经济的发展和平衡。

（二）总体思路与目标

建立"源汇匹配"平台的总体思路是通过信息化手段，将各种资源进行整合和优化配置。具体来说，这个平台应该具备以下功能。

1.资源整合

将不同来源的资源进行集中管理和调度，包括自然资源、人力资源、技术资源等。

2.需求分析

对实际需求进行分析和预测，从而制定合理的资源分配方案。

3.优化配置

根据需求分析结果，将资源进行优化配置，使其达到最佳的利用效果。

4.监测与评估

对平台的运行情况进行监测和评估，及时发现问题并进行调整。

通过建立"源汇匹配"平台，可以实现以下目标。

（1）提高资源的利用效率，减少浪费和不必要的消耗。

（2）促进不同地区之间的资源共享和合作，推动区域经济的发展和平衡。

（3）增强政府的调控能力，实现资源的优化配置和社会效益的最大化。

（三）实施方案与步骤

1.资源调查与数据采集

首先需要对各种资源进行调查和数据采集，包括自然资源的分布、质量、数量等信息；人力资源的分布、技能、需求等信息；技术资源的水平、应用领域等信息。通过数据采集和整理，为平台的建立提供基础数据支持。

2.平台设计与开发

根据资源调查和数据采集的结果，设计并开发出适合实际情况的"源汇匹配"平台。这个平台应该具备信息化、智能化、可操作性强等特点，能够实现资源的整合、分析、优化配置等功能。同时，还需要考虑到平台的稳定性、安全性、可扩展性等因素。

3.资源整合与优化配置

在平台开发完成后，需要将各种资源进行整合和优化配置。具体来说，就是将不同来源的资源进行集中管理和调度，根据实际需求进行合理分配。同时，还需要根据监测和评估结果，对平台的运行情况进行调整和优化。

4.推广与应用

最后，需要将"源汇匹配"平台进行推广和应用。通过宣传和教育，提高公众对平台的认知度和使用率。同时，还需要制定相应的政策和措施，鼓励企业和机构参与到平台的运行中来，从而推动资源的共享和合作。

（四）预期成果与影响

除了上述提到的建立"源汇匹配"平台的实施方案和预期成果，还可以从以下几个方面进行拓展和深化。

1.政策支持与法规保障

为了保障"源汇匹配"平台的顺利建立和运行，政府需要出台相应的政策和法规，提供法律保障和支持。这些政策和法规应该包括以下几个方面。

（1）资源整合和优化配置的政策和措施，鼓励不同地区、不同部门之间的资源共享和合作。

（2）平台建设和运行的资金支持政策，吸引更多的企业和机构参与平台的运行和发展。

（3）平台管理和监管的法规，保障平台的正常运行和公平公正的使用。

2.技术进步与创新驱动

"源汇匹配"平台的建立和运行需要依靠先进的技术手段和创新思维。因此，需要不断推进技术进步和创新驱动，提高平台的智能化、自动化和高效化水平。具体来说，可以采取以下措施。

（1）引进先进的信息化技术和管理手段，提高平台的运行效率和资源管理能力。

（2）加强与高校和科研机构的合作，开展相关研究和合作项目，推动技术进步和创新发展。

（3）培养和引进高素质的人才队伍，为平台的建立和运行提供人才保障和支持。

3.社会参与与公众宣传

"源汇匹配"平台的建立和运行需要广泛的社会参与和公众宣传。通过加强公众宣传和教育，提高公众对平台的认知度和使用率，同时也可以促进资源共享和合作的社会化进程。具体来说，可以采取以下措施。

（1）通过媒体、网络等多种渠道进行公众宣传和教育，提高公众对平台的认知度和关注度。

（2）开展相关的公益活动和社会实践活动，增强公众对资源共享和合作的认识和理解。

（3）加强与企业和机构的合作，鼓励他们参与到平台的运行中来，共同推动资源的优化配置和社会效益的最大化。

4.监测评估与持续改进

为了保障"源汇匹配"平台的正常运行和不断提高其运行效率，需要对平台的运行情况进行监测评估和持续改进。具体来说，可以采取以下措施。

（1）建立完善的监测评估体系，对平台的运行情况进行实时监测和定期评估。

（2）根据监测评估结果，及时发现问题并进行调整和改进，不断提高平台的运行效率和服务质量。

（3）加强与用户和利益相关者的沟通和交流，了解他们的需求和建议，不断优化和完善平台的功能和服务。

综上所述，"源汇匹配"平台的建立和运行需要政府、企业和社会各方面的共同参与和支持。只有通过多方面的合作和创新驱动，才能实现资源的优化配置和社会效益的最大化，推动经济社会的可持续发展。

二、加强与相关行业的合作，推动 CCUS 技术的工业化应用

（一）背景介绍

CCUS 技术是一种能够显著减少碳排放的关键技术，对于实现全球气候目标、保护生态环境具有重要意义。然而，目前 CCUS 技术在实际应用中仍存在一些挑战，如成本高、技术复杂等问题，难以大规模商业化应用。为了解决这些问题，加强与相关行业的合作，推动 CCUS 技术的工业化应用变得尤为重要。

（二）实施方案

1.建立合作机制

为了推动 CCUS 技术的工业化应用，需要建立多行业、多领域的合作机制。政府可以出台相关政策，鼓励能源、钢铁、化工等行业与 CCUS 技术研发机构、高校等合作，共同推进技术研发和应用。同时，可以成立专门的 CCUS 技术推广机构，负责技术推广、市场调研、协调合作等方面的工作。

2.加强技术研发

技术研发是推动 CCUS 技术工业化应用的关键。在政府支持下，相关行业可以联合开展技术研发，攻克技术难关，降低成本。同时，可以引进国外先进技术，加以消化吸收再创新，加速技术进步。此外，还可以通过国际合作项目，共享技术资源和研究成果，提高整体技术水平。

3.建设示范工程

建设 CCUS 技术示范工程是推动工业化应用的重要途径。政府可以引导企业开展示范工程建设，提供政策支持和资金扶持。同时，可以组织专业团队，提供技术指导和咨询服务，确保示范工程的顺利实施。通过示范工程的运行，可以积累经验，优化技术，为大规模商业化应用奠定基础。

4.优化政策环境

政策环境是推动 CCUS 技术工业化应用的重要保障。政府可以出台相关政策，对采用 CCUS 技术的企业给予税收优惠、补贴等奖励措施。同时，可以设立专门资金，支持 CCUS 技术研发和示范工程建设。此外，还可以加强法规制定和执行力度，规范 CCUS 技术的应用和管理。

（三）预期成果

1.实现 CCUS 技术的工业化应用

通过加强与相关行业的合作，推动 CCUS 技术的工业化应用，可以实现碳排放的有效控制和环境保护的目标。根据预测分析，CCUS 技术的工业化应用将大幅降低碳排放量，有助于缓解全球气候变化问题。

2.促进相关行业发展

CCUS 技术的工业化应用将带动相关行业的发展。一方面，采用 CCUS 技术的企业将获得更大的竞争优势，取得更好的经济效益。另一方面，CCUS 技术的推广和应用将催生新的产业领域和就业机会，促进经济增长和社会发展。

3.提高国际竞争力

通过推动 CCUS 技术的工业化应用，我国在应对气候变化、保护生态环境方面的国际形象将得到提升。同时，我国在 CCUS 技术领域的研发和应用成果将为国际社会提供有益的经验和借鉴，提高国际地位和影响力。

通过加强与相关行业的合作，推动 CCUS 技术的工业化应用是一项具有重要意义的举措。在实施过程中，需要建立合作机制、加强技术研发、建设示范工程以及优化政策环境等多方面的措施相互配合、共同推进。预期成果将实现碳排放的有效控制和环境保护的目标，同时促进相关行业发展并提高国际竞争力。未来还需要不断加强合作和创新驱动，以实现 CCUS 技术的持续发展和广泛应用，为我国经济社会可持续发展做出更大的贡献。

第六章 "双碳"目标下油公司可持续发展实践

第一节 积极营造绿色、共享的绿色转型企业文化

一、树立绿色发展理念，强化企业社会责任意识

在"双碳"目标的背景下，油公司面临着巨大的挑战和机遇。为了实现可持续发展，油公司需要树立绿色发展理念，强化企业社会责任意识，积极采取行动，实现自身的可持续发展。

（一）树立绿色发展理念

油公司作为能源行业的重要组成部分，需要树立绿色发展理念，将环保、低碳、循环的理念贯穿到企业的生产经营过程中。以新春公司为例，为落实油田能耗双控工作"增产不增能、增能不增费、增能不增碳"的总要求，新春公司高度重视，各部门、各单位深挖工作路径，确定了以控汽耗、降电耗为重点，多部门一体化运行为保障，信息化技术为支撑的工作方式，形成高质高效的能耗双控管理机制。

新春公司多为特、超稠油油藏，开发方式以蒸汽吞吐为主，煤、自用油、天然气消耗大（占新春总能耗95%以上），导致综合能耗高，约占胜利油田分公司能耗总量的四分之一，对于油田双控目标的完成有较大影响。每年12月至次年3月，西部油区气温持续在零下30到零下48度之间，是新春公司克

服冬季严寒,保生产稳定的关键时期。2023年1~2月,新春公司为了克服寒冬确保产量任务主动,采取了增加注汽量的措施,导致能耗同比增加0.77万吨标煤、碳排放同比增加2.45万吨。新春公司高度重视关键指标和重点任务的进展情况,每周召开专班会议,协调解决工作中的堵点,每月组织能耗分析会,通过对标找出差距,强化优势,补齐短板,关键指标达标率由40%提升至95.5%,重点任务完成率由33.3%提升至87%。在原油产量同比增加1.45万吨(原油当量同比增加1.65万吨)的情况下,能耗同比降低0.8万吨标煤,碳排放量同比降低2.6万吨,稠油热采相关成本支出同比降低1 080万元。公司在实现原油效益增产的同时,能耗和碳排放也得到了有效控制,为公司绿色低碳发展奠定了基础。

1.推进清洁能源开发利用

油公司应该注重清洁能源的开发和利用,减少对传统化石能源的依赖。通过技术创新和开发新能源,提高清洁能源的比重,优化能源结构,降低碳排放量。同时,油公司应该加大对可再生能源的研究和开发力度,积极探索和推进太阳能、风能等新能源的应用。

2.加强环保管理和污染防治

油公司应该加强环保管理和污染防治工作,建立健全的环保管理制度和体系。在油气勘探、开发和利用的过程中,要注重环境保护,加强污染防治和生态修复工作。同时,要积极采用先进的环保技术和设备,提高能源利用效率,减少对环境的影响。

3.推进资源循环利用

油公司应该注重资源循环利用,加强油气田废弃物治理和利用工作。通过开展废弃物资源化利用、节能减排等技术研究和应用,提高资源利用效率,实现循环发展。同时,要加强对生产过程中产生的废气、废水等废弃物的处理和处置工作，防止对环境造成污染。

（二）强化企业社会责任意识

油公司作为大型企业，需要强化企业社会责任意识，积极履行企业公民的角色。

1.注重员工健康和安全

油公司应该注重员工健康和安全，加强职业病防治和安全生产管理。建立健全的员工健康和安全管理体系，提高员工健康和安全水平。同时，要加强安全教育和培训工作，提高员工的安全意识和技能水平。

2.积极参与社会公益事业

油公司应该积极参与社会公益事业，支持教育事业、医疗事业等公益事业的发展。可以通过捐款、捐物、志愿服务等方式参与社会公益事业，回报社会，展示企业的社会责任感。

3.关注气候变化和环境保护

油公司应该关注气候变化和环境保护问题，积极参与国际和国内的气候变化和环境保护合作机制。可以通过减少碳排放、采用清洁能源等方式为气候变化和环境保护做出贡献。同时，要加强企业内部的环保管理和污染防治工作，提高企业的环保水平。

（三）实践案例

某油公司通过树立绿色发展理念和强化企业社会责任意识等措施实现了可持续发展。以下是该公司的实践案例。

1.推进清洁能源开发利用

该公司通过技术创新和开发新能源，积极探索和推进太阳能、风能等新能源的应用。在生产过程中采用先进的环保技术和设备，提高能源利用效率，减少对环境的影响，同时加强废弃物资源化利用、节能减排等工作实现循环发展。

2.加强环保管理和污染防治

该公司建立健全的环保管理制度和体系加强环保管理和污染防治工作。在油气勘探开发和利用的过程中，注重环境保护加强污染防治和生态修复工作。采用先进的环保技术和设备，提高能源利用效率，减少对环境的影响，同时加强对生产过程中产生的废气废水等废弃物的处理和处置工作，防止对环境造成污染。该公司还积极开展生态保护项目，如森林碳汇建设等增加碳吸收能力，为气候变化做出贡献。

二、推广绿色办公和生产方式，降低碳排放

在"双碳"目标下，推广绿色办公和生产方式是油公司实现可持续发展的重要途径。绿色办公和生产方式不仅可以降低碳排放，还能提高企业形象和竞争力。下面将从以下几个方面探讨如何推广绿色办公和生产方式，降低碳排放。

（一）推广绿色办公方式

1.提倡无纸化办公

无纸化办公是指通过使用电子文档、电子邮件、网络会议等信息化手段代替传统的纸质文件传递和会议召开等方式，减少纸张使用量，降低能源消耗和碳排放。油公司可以通过推广使用电子公文系统、建立内部网络平台等方式，鼓励员工使用电子文档和网络会议等无纸化办公方式，提高工作效率并减少纸张使用量。

2.节能减排措施

在办公过程中要注重节能减排，采取有效措施降低能源消耗和碳排放。例如，合理安排办公室的采光、通风和空调使用时间减少不必要的电力消耗，

使用高效节能的办公设备如 LED 灯具、节能电器等，提高能源利用效率降低碳排放。

3.建立绿色采购制度

油公司可以通过建立绿色采购制度来推广绿色办公方式。在采购过程中优先选择环保、低碳、可再生的产品和服务，例如选择使用环保型的复印机、打印机等办公设备，采购可再生材料制成的办公家具等。

（二）推广绿色生产方式

1.优化生产工艺和流程

优化生产工艺和流程是推广绿色生产方式的重要手段之一。油公司可以通过引进先进的生产技术和设备，优化生产工艺和流程，提高生产效率，降低能源消耗和碳排放。例如，采用新型的采油技术，减少采油过程中的水资源消耗和能源消耗，使用可再生能源如太阳能、风能等代替传统的化石能源，降低碳排放。

2.加强资源循环利用

加强资源循环利用是推广绿色生产方式的另一个重要手段。油公司可以通过开展油气田废弃物治理和利用工作，加强资源循环利用，提高资源利用效率，降低碳排放。例如，对油气田产生的废水进行治理和再利用，减少废水排放对环境的影响，采用废弃物资源化，利用技术将废弃物转化为可再利用的资源，降低碳排放。

3.建立绿色制造体系

建立绿色制造体系是推广绿色生产方式的另一个重要措施。油公司可以通过建立绿色制造体系来促进企业的绿色转型发展。在制造过程中注重环境保护，采用环保材料和工艺减少制造过程中的废弃物排放，加强生产过程的监控和管理，确保产品质量，符合环保要求并降低碳排放。

（三）加强宣传教育和培训

加强宣传教育和培训是推广绿色办公和生产方式的重要措施之一。油公司可以通过开展宣传教育和培训来提高员工的环保意识和技能水平，增强员工参与环保工作的积极性和主动性。例如，开展环保知识竞赛、环保主题宣传活动等提高员工的环保意识和知识水平，组织开展绿色办公和生产方面的培训和技术交流活动，提高员工的技能水平和实践能力，推动企业的绿色转型发展降低碳排放。

（四）加强与合作伙伴的合作与交流

加强与合作伙伴的合作与交流是推广绿色办公和生产方式的重要途径之一。油公司可以通过与供应商、生产商等相关合作伙伴的合作与交流，共同探讨如何推广绿色办公和生产方式，降低碳排放并促进可持续发展。例如，与供应商合作共同开发环保材料和工艺，与生产商合作共同推广使用高效节能设备和工艺等，实现共赢发展，降低碳排放推动可持续发展。

三、建立绿色供应链，推动产业链绿色发展

在"双碳"目标的背景下，油公司作为能源领域的领军企业，不仅需要关注自身的绿色转型发展，还需要积极推动整个供应链的绿色发展，以实现产业链的绿色可持续发展。下面将从以下几个方面探讨油公司如何建立绿色供应链，推动产业链绿色发展。

（一）制定绿色供应链战略

油公司应该从战略层面出发，将绿色供应链作为企业可持续发展的重要组成部分。在制定绿色供应链战略时，需要明确企业自身的绿色发展目标，并以此为指导，对整个供应链进行全面梳理和分析，找出潜在的环保问题和风险点，制定相应的解决方案和措施。

（二）优化供应商选择和管理

供应商是绿色供应链的重要组成部分，油公司需要加强对供应商的选择和管理，确保供应商符合环保要求并具备可持续发展的能力。在供应商选择方面，需要优先选择具有绿色环保认证、符合国家环保法规的供应商，并鼓励供应商采用环保材料和工艺。在供应商管理方面，需要与供应商建立长期稳定的合作关系，加强沟通和协作，确保供应商能够按时、按质、按量地提供符合环保要求的产品和服务。

（三）加强物流环节的绿色管理

物流环节是绿色供应链中的重要环节之一，油公司需要加强对物流环节的绿色管理。在物流过程中，需要选择环保、低碳的运输方式和交通工具减少运输过程中的碳排放，采用环保材料制作包装箱和托盘等减少包装废弃物的产生，采用低碳路线规划运输路线，减少运输过程中的能源消耗和碳排放。

（四）推广循环经济模式

循环经济模式是实现绿色供应链的重要手段之一，油公司需要积极推广循环经济模式，加强废弃物的资源化利用。例如，在油气田勘探和开发过程中产生的废弃物如泥浆、岩屑等，可以进行资源化利用生产建筑材料或其他可利用的产品；在炼油过程中产生的废气、废液等可以进行回收处理生产燃料或化工产品等。这些循环经济模式的推广可以减少废弃物的产生和排放，降低对环境的污染并提高资源的利用效率，降低碳排放推动可持续发展。

（五）加强信息化管理

信息化管理是实现绿色供应链的重要技术手段之一，油公司需要加强信息化管理提高供应链的透明度和可追溯性。通过建立供应链管理系统对整个供应链进行全面监控和管理，及时掌握供应链的运行情况和环保状况，加强对供应商的管理和协调，确保整个供应链的绿色发展得到有效保障。

（六）加强宣传教育和培训

加强宣传教育和培训是推广绿色供应链的重要措施之一，油公司可以通过开展宣传教育和培训来提高员工的环保意识和技能水平，增强员工参与环保工作的积极性和主动性。例如，开展环保知识竞赛、环保主题宣传活动等提高员工的环保意识和知识水平，组织开展绿色供应链方面的培训和技术交流活动，提高员工的技能水平和实践能力，推动企业的绿色转型发展降低碳排放推动可持续发展。

（七）加强与合作伙伴的合作与交流

加强与合作伙伴的合作与交流是推广绿色供应链的重要途径之一，油公司可以通过与供应商、物流商等相关合作伙伴的合作与交流共同探讨如何推广绿色供应链，降低碳排放并促进可持续发展。例如，与供应商合作共同开发环保材料和工艺，与物流商合作共同推广使用低碳运输方式和交通工具等实现共赢发展，降低碳排放推动可持续发展。

总之，建立绿色供应链推动产业链绿色发展是油公司实现可持续发展的重要途径之一，只有不断加强战略规划、优化管理加强合作与交流不断提高自身的核心竞争力，才能实现绿色可持续发展目标并为全球应对气候变化做出贡献。

第二节 打造高水平人员队伍支撑绿色低碳发展

油公司以能耗双控推动高质量发展为目标，精心组织制定了各单位年度能耗、碳排放及成本分解目标，对用电、用热设定了使用上限，从人力方面给予了充分支持。

一、加强人才引进和培养，提高专业素质和技能水平

在推动绿色低碳发展的过程中，打造高水平的人员队伍是至关重要的。人才是支撑绿色低碳发展的关键因素，对于推动能源结构调整、促进产业升级、推进生态文明建设具有决定性作用。下面将就如何加强人才引进和培养，提高专业素质和技能水平进行探讨。

（一）人才引进策略

1.聚焦重点领域，精准引进人才

针对绿色低碳发展领域的重点产业和关键技术，制订具有针对性的人才引进计划。尤其要重视引进具有创新能力和实践经验的复合型人才，包括新能源、节能环保、碳交易等领域的高端人才。同时，要结合地方产业特色和优势，精准引进能够推动地方绿色低碳发展的专业人才。

2.拓宽引才渠道，创新引才方式

除了校园招聘、社会招聘等传统引才渠道外，要积极探索多元化的引才方式。例如，通过与高校、科研机构建立合作关系，吸引优秀人才来企业或研究机构工作；通过产学研合作项目，吸引行业专家和领军人物参与项目研发和成果转化；通过国际人才交流平台，吸引海外高层次人才来华从事绿色低碳发展相关工作。

（二）人才培养体系

1.建立多层次人才培养体系

针对不同层次的人才需求，建立多层次的培养体系。对于新进员工，要注重基础理论和专业技能的培养；对于中层干部，要注重领导力和团队管理能力的提升；对于高层领导，要注重战略眼光和全局把控能力的提升。同时，要加强对技术骨干和行业专家的培养，打造企业自身的核心人才团队。

以新春公司为例，公司主要领导亲自挂帅，成立能耗碳排管理专班，打破部门间壁垒，重大问题集思广益、协调解决、提高实效等，实现了全流程一体化高效协同优化运行。明确了成员职责和关键指标设定：确定重点工作任务，责任到人，采用"一页纸"工作法提高实效，采取周运行方式持续监控关键指标变化，统筹推进各项重点工作，有力地推动了公司能耗双控工作和可持续发展。

针对一季度各部门、各单位存在月度能耗分析工作浅（分析宏观化，不深入）、难（措施制定不精准，监督监控难度大）、乱（数据来源不统一，指标单位较杂乱）、低（数据分析耗时多，能耗分析时效低）、少（人员分析经验少，分析质量需提高）的突出问题。公司组织专题研讨，确定以信息化手段为突破口，全力组织节能管家及专班，先后利用4个月时间建立了节能管理信息系统。编制了《系统运行管理规范手册》，配套开发了"异常数据管理"功能，规范了各单位各模块数据填报行为。目前该系统已实现了数据共享（统一数据口径，规范化分析）、自动统计（自动统计计算，高效化分析）、即时分解分析（分用能点统计，精准化分析）、量化考核（设定工作时限，定量化考核）、目视展示（指标变为目视，需求化展示）的功能。节能管理信息系统应用以来，公司月度能耗分析周期由5天压缩至1天，分析质量和实效显著提升。

2.强化实践锻炼和能力提升

实践是培养人才的重要途径之一。要鼓励员工深入生产一线、参与项目实施和研发创新，通过实践锻炼提高解决实际问题的能力和水平。同时，要积极为员工提供培训、进修、学术交流等机会，帮助员工提升综合素质和专业技能。

（三）激励机制建设

1.创新激励机制，激发创新活力

建立完善的激励机制是留住人才的关键。除了传统的薪酬福利，要探索多元化的激励方式。例如，对于有突出贡献的人才给予奖金、股权、晋升等奖励；对于关键岗位的人才提供住房、交通等生活保障；对于创新团队或个人给予项目支持、科研经费等支持。同时，要营造良好的工作环境和氛围，让员工感受到企业的关怀和支持。

2.加强绩效考核和结果运用

建立科学的绩效考核体系是激励人才的重要手段之一。要将绩效考核与薪酬福利、晋升机会等挂钩，以激励员工努力工作、积极进取。同时，要将绩效考核结果运用到人才培养计划中，帮助员工发现自身不足并制定改进措施。新春公司采取正向激励方式，从成本、节能"双维度"制定了绩效考核办法，两者互为补充、目标同向；对《生产过程风险管控责任考核细则》进行了修编，按照"多节多得、少排多得"的原则，明确了关键指标责任部门、各基层单位的奖惩办法；印发了《重点成本经营优化工作实施方案》，在目标值的基础上，对部分关键监测指标设置了奋斗目标，并制定了奖励办法。

（四）优化人才结构

1.调整人才结构，适应市场需求

随着绿色低碳产业的快速发展和市场需求的不断变化，企业需要不断调整人才结构以适应市场需求。要加强对新兴产业和市场的研究和分析，掌握行业发展趋势和市场需求变化情况，及时调整人才引进和培养计划，优化人才结构，使企业能够快速适应市场变化，抓住发展机遇。

2.加强人才储备和梯队建设

要注重加强人才储备和梯队建设工作确保企业人才的稳定性和持续性。

通过建立完善的人才储备库和选拔机制，发掘和培养具有潜力的人才，作为企业未来的中坚力量，为企业的可持续发展提供源源不断的人才支持。

（五）营造良好的人才发展环境

1.营造尊重知识、尊重人才的氛围

尊重知识、尊重人才是营造良好人才发展环境的基础。企业要积极倡导崇尚知识、鼓励创新的企业文化，鼓励员工提出新思路、新方法并支持员工去实现它。同时要重视知识产权保护工作，维护企业的创新成果和员工的合法权益。通过这些措施让员工感受到企业对知识的重视和尊重，从而激发他们的创新热情和创造力。

2.建立良好的沟通机制

良好的沟通机制是营造良好人才发展环境的重要保障之一。要加强上下级之间、部门之间的沟通与协调，让员工了解企业的发展战略、目标以及个人在组织中的定位和发展方向，同时鼓励员工积极表达自己的意见和建议，从而增强员工的归属感和责任感，激发其工作热情和创造力，促进企业的发展。

二、强化员工培训和教育，提高绿色低碳发展意识

在推动绿色低碳发展的过程中，打造高水平的人员队伍是至关重要的。除了加强人才引进和培养，提高专业素质和技能水平外，强化员工培训和教育，提高绿色低碳发展意识也是关键的一环。下面将就此进行探讨。

（一）培训内容与课程设计

1.绿色低碳发展理念与政策解读

通过培训，让员工深入理解绿色低碳发展的内涵、目标、政策及相关法规。掌握国家及地方政府的政策导向和行业发展趋势，以便更好地适应市场和行业变化。

2.节能减排技术与实务

针对企业或组织的具体业务和生产过程，提供节能减排技术和实务的培训。包括能源管理、能源审计、节能监测、节能技术应用等，帮助员工将绿色低碳理念与实际工作相结合。

3.环保与可持续发展能力建设

通过培训，提升员工在环保和可持续发展方面的能力。包括环境影响评估、环境管理体系建设、生态保护与修复、资源综合利用等，使员工在工作中更加注重环保和可持续发展。

4.绿色企业文化与团队建设

通过培训，培养员工的绿色企业文化意识和团队合作精神。让员工了解绿色企业文化的重要性及如何将其融入日常工作，同时提高团队在推动绿色低碳发展方面的凝聚力和向心力。

（二）培训方式与方法

1.定期举办专题讲座和研讨会

定期邀请行业专家、学者或政府官员来企业或组织举办专题讲座和研讨会，让员工及时了解绿色低碳发展领域的最新动态和研究成果。

2.组织现场观摩与案例分析

安排员工参观绿色低碳示范项目现场，进行案例分析和经验分享，使员工直观地了解绿色低碳技术的应用和实践效果。

3.开展实践项目与实习锻炼

鼓励员工参与绿色低碳实践项目，如企业或组织内部的节能减排改造、环保实践活动等。通过实践锻炼，让员工将理论知识转化为实际操作能力。

4.运用多媒体教学资源

利用多媒体教学资源，如网络课程、教学视频等，使员工随时随地学习相关知识，提高学习效率。

（三）培训效果评估与持续改进

1.制定培训计划与目标

在培训开始前，要明确培训的目标、内容、时间、地点及参与人员等信息，确保培训工作的有序进行。

2.培训效果评估与反馈

在培训结束后，对培训效果进行评估，收集员工的反馈意见和建议。通过评估结果分析，找出培训中存在的问题和不足之处，为后续的培训工作提供改进方向。

3.持续改进与优化

根据评估结果和员工反馈，对培训计划、内容和方法进行持续改进和优化。针对员工需求和行业变化，及时调整培训计划，确保培训内容的时效性和实用性。同时要关注行业最新动态和发展趋势，定期对培训内容进行更新和升级，确保培训质量不断提升满足企业或组织在绿色低碳发展方面的需求。

建立完善的培训管理体系是保障员工培训效果的重要措施之一。要从培训需求分析、计划制订、组织实施到效果评估形成一个完整的闭环管理流程，确保培训工作的有效性。同时要建立员工培训档案，加强对员工个人职业发展的规划与指导，为企业的可持续发展提供人才保障。通过以上措施的实施营造良好的学习氛围，提高员工的综合素质和专业技能水平，推动企业或组织在绿色低碳发展方面取得更大的成就。

三、构建激励机制，鼓励员工参与绿色低碳发展

为了充分发挥人力资源在绿色低碳发展中的关键作用，构建一个有效的激励机制，以鼓励员工积极参与绿色低碳发展工作，是非常必要的。以下将

探讨如何构建这样的激励机制。

（一）激励机制的重要性

激励机制在促进绿色低碳发展方面具有重要作用。它不仅可以提高员工参与绿色低碳发展的积极性和主动性，还可以增强团队合作精神，提升企业的整体竞争力。

（二）激励机制的构建方式

1.物质激励

（1）奖金激励：为在绿色低碳发展方面做出突出贡献的员工提供额外的奖金激励，以激发他们的工作热情。

（2）晋升激励：将绿色低碳发展成果作为员工晋升的重要考核指标之一，为优秀员工提供更多的晋升机会。

（3）福利待遇激励：为在绿色低碳发展方面表现优秀的员工提供更好的福利待遇，如提供住房补贴、健康保险等。

2.精神激励

（1）荣誉激励：为在绿色低碳发展方面取得突出成绩的员工给予荣誉称号，肯定他们的工作价值。

（2）团队建设激励：组织各类团队活动，增强团队凝聚力和向心力，鼓励员工在绿色低碳发展方面互相支持与合作。

（3）培训与成长激励：为参与绿色低碳发展工作的员工提供更多的培训和发展机会，帮助他们提升技能水平，实现个人成长。

3.职业发展激励

将绿色低碳发展成果作为员工职业发展的重要参考依据之一，对于在该领域表现出色的员工给予更多的职业发展机会，如担任更高职务、承担更重要任务等。此外，还可以推行轮岗制度，让员工在不同岗位上体验和实践绿色低碳发展的相关理念和技术，从而培养更多具备综合素质的绿色低碳人才。

（三）激励机制的实施效果评估与持续改进

为了确保激励机制的实施效果达到最佳，需要进行定期评估并根据评估结果进行及时调整和改进。具体措施如下。

1. 制定评估标准

制定详细的评估标准来衡量员工在绿色低碳发展方面的成果和贡献，这可以包括节能减排的成效、环保实践的成果、团队建设的表现等多个方面，以便对员工进行全面客观的评价。

2. 实施定期评估

定期对员工的绿色低碳发展成果进行评估，根据评估结果对激励机制进行调整和优化，以确保激励措施与员工的实际需求相匹配。

3. 建立反馈机制

建立良好的反馈机制，让员工能够及时了解自己的不足之处以及需要改进的地方，同时鼓励员工提出对激励机制的改进建议，以实现持续改进。

4. 强化激励效果

对于在绿色低碳发展方面取得突出成绩的员工要加大激励力度，提高奖励标准，并在企业内部进行宣传和推广，以强化激励效果，营造积极向上的工作氛围。

5. 调整激励措施

根据企业或组织的实际情况以及员工的需求变化，及时调整和优化激励措施，以保持激励机制的有效性，确保员工的积极性和主动性得到持续发挥。

总之，通过构建并实施有效的激励机制，可以更好地激发员工参与绿色低碳发展的热情，培养员工的团队合作精神，提高企业的整体竞争力，推动企业或组织实现可持续发展目标，从而为构建美好的生态环境做出贡献。

第三节　多措并举提高油气资源开发质量

一、加强地质勘探和研究，提高油气资源发现和开发水平

随着全球经济的持续发展和能源需求的不断增长，油气资源在全球能源结构中占据了重要的地位。然而，由于油气资源的不可再生性，传统油气资源的开发已经面临着一系列的挑战。因此，加强地质勘探和研究，提高油气资源发现和开发水平，对于保障全球能源安全和可持续发展具有重要意义。下面将从以下几个方面进行探讨。

（一）加强地质勘探的必要性

地质勘探是油气资源开发的重要基础。通过地质勘探，可以了解地下岩层的分布、性质和结构，以及油气资源的储量和分布情况。随着科技的不断进步，地质勘探技术也在不断发展，包括地震勘探、钻井勘探、地球化学勘探等。这些技术的应用，不仅可以提高油气资源发现的概率，还可以缩短勘探周期，降低成本。

加强地质勘探的必要性主要体现在以下几个方面。

1.保障能源安全

随着全球能源需求的不断增长，油气资源在全球能源结构中的地位越来越重要。加强地质勘探，提高油气资源发现和开发水平，可以增加油气资源的供应量，缓解能源紧张局面，保障国家能源安全。

2.促进经济发展

油气资源的开发可以带动相关产业的发展，如石油化工、交通运输等，从而促进经济的快速发展。加强地质勘探和研究，提高油气资源发现和开发

水平，可以为经济发展提供更加稳定的能源供应。

3.推动科技进步

地质勘探技术的不断发展和创新，可以推动相关科技领域的发展和进步。加强地质勘探和研究，可以提高科技创新能力，增强国际竞争力。

（二）提高油气资源开发水平的措施

提高油气资源开发水平是保障全球能源安全和可持续发展的重要途径。以下是一些提高油气资源开发水平的措施。

1.优化资源配置

合理配置人力、物力和财力资源，提高资源利用效率。同时，要注重环境保护和生态建设，实现可持续发展。

2.加强技术创新

积极推进技术创新和产业升级，研发高效、环保的油气资源开发技术和设备，提高油气资源开发的经济效益和环境效益。

3.强化安全管理

建立健全油气资源开发的安全管理体系，加强安全生产培训和演练，确保油气资源开发过程中的安全和稳定。

4.加强国际合作

积极参与国际油气资源开发和研究的合作与交流，引进国外先进技术和管理经验，提高我国油气资源开发的整体水平。

5.发展替代能源

积极发展可再生能源和清洁能源，减少对传统油气资源的依赖，降低能源消耗和环境污染。

加强地质勘探和研究，提高油气资源发现和开发水平是保障全球能源安全和可持续发展的重要途径。通过加强地质勘探和研究工作，可以提高油气资源发现和开发的经济效益和环境效益，促进全球经济的可持续发展。同时，要加强国际合作和技术创新，推动全球油气资源开发领域的进步和发展。

二、推广高效开发技术，提高油气采收率和资源利用效率

随着全球油气资源需求的不断增长，提高油气采收率和资源利用效率已经成为当前面临的重要问题。为了解决这一问题，推广高效开发技术成为关键。下面将从推广高效开发技术的重要性、具体措施和实施效果三个方面进行探讨。

（一）推广高效开发技术的重要性

1.提高油气采收率

通过推广高效开发技术，可以更加精准地定位油气资源的位置，提高钻井的成功率和油气采收率。这不仅可以减少对地下资源的浪费，还可以缩短开发周期，降低开发成本。

2.降低环境污染

传统油气开发过程中，往往会对环境造成一定程度的污染，例如土地污染、水污染等。而高效开发技术的应用可以减少对环境的影响，降低环境污染的程度。

3.实现可持续发展

通过推广高效开发技术，可以实现油气资源的可持续开发利用，满足全球不断增长的能源需求，同时也可以促进经济的可持续发展。

（二）推广高效开发技术的具体措施

1.加大技术研发投入

加强油气开发技术的研发力度，投入更多的资金和人力资源，推动技术创新和进步。同时，要注重与高校、科研机构等的合作与交流，共同推动油

气开发技术的发展。

2.培训和引进人才

加强油气开发技术人才的培养和引进。通过培训和引进人才，提高油气开发技术人员的专业素质和技术水平，为推广高效开发技术提供人才保障。

3.实施示范工程

选取一些具有代表性的油气田，实施高效开发技术的示范工程。通过示范工程的实施，展示高效开发技术的优势和效果，从而推动高效开发技术的普及和应用。

4.加强政策引导

政府应加大对高效开发技术的支持力度，制定相关政策引导企业采用高效开发技术。例如给予税收优惠、补贴等政策支持，鼓励企业进行技术创新和采用高效开发技术。

5.加强国际合作

积极参与国际油气开发技术的交流与合作，引进国外先进的技术和经验，提高我国油气开发技术的整体水平。同时，也可以通过与国际企业的合作，实现资源共享和优势互补，推动高效开发技术的推广和应用。

（三）推广高效开发技术的实施效果

1.提高油气采收率

通过推广高效开发技术，可以显著提高油气采收率。这意味着在相同的地下资源情况下，可以获得更多的油气资源供应，满足全球不断增长的能源需求。

2.降低环境污染

高效开发技术的应用可以减少对环境的影响和污染。例如，采用水平钻井等技术可以减少对地表植被的破坏，同时也可以减少废水的排放等。这有助于保护环境，实现可持续发展。

3.提高经济效益

高效开发技术的应用可以缩短开发周期、降低成本和提高产量。这不仅可以提高企业的经济效益，还可以带动相关产业的发展，推动经济的快速发展。

4.推动科技进步

高效开发技术的推广和应用可以推动相关科技领域的发展和进步。这不仅可以提高我国在国际上的竞争力，还可以为其他领域的科技进步提供支持和借鉴。

总之，推广高效开发技术是提高油气采收率和资源利用效率的重要途径。通过加大技术研发投入、培训和引进人才、实施示范工程等措施的实施，可以促进高效开发技术的普及和应用，提高油气开发的效率和经济效益，为全球能源安全和可持续发展做出贡献。

三、加强油气生产过程管控，降低浪费和污染排放

随着全球对油气资源需求的不断增加，油气生产过程中的浪费和污染问题也日益凸显。为了解决这些问题，加强油气生产过程管控成为关键。下面将从加强油气生产过程管控的重要性、具体措施和实施效果三个方面进行探讨。

（一）加强油气生产过程管控的重要性

1.降低资源浪费

加强油气生产过程的管控，可以更加合理地利用油气资源，减少浪费。这不仅可以降低企业的生产成本，还可以提高油气资源的利用效率，实现资源的可持续利用。

2.减少环境污染

通过对油气生产过程的管控，可以减少对环境的影响和污染。例如，减

少废气、废水和固体废物的排放，降低对周边环境的污染和生态破坏。

3.提高企业竞争力

通过加强油气生产过程管控，可以提高企业的生产效率和产品质量。这不仅可以满足市场需求，还可以提高企业的竞争力，实现可持续发展。

（二）加强油气生产过程管控的具体措施

油公司在能耗双控工作上采取一体化运行，实现了节能降碳与生产经营深度融合、节能意识与管理能力深度融合，夯实了公司绿色低碳发展基础。

以新春公司为例，各部门、各单位主动对标，自主履职，齐抓共管，从四个方面开展工作：一是开展能耗双控管理大调研。依托节能管家单位，组织12名行业专家，从管理、现场两方面，对公司能耗和碳排放双控工作现状开展了系统性调研，已经完成节能制度体系建设、能源计量管理提升工作，碳资产管理规范工作正在进行中。二是完成节能顶层设计上水平。依据油田《节能降碳管理规定》等五项制度，在节能管家单位协助下，完成了公司节能管理制度体系建设，对公司现行的节能管理制度进行了修订完善。重点对业务部门的职责进行了明确和规范，包括固定资产投资项目节能评估和验收、高能耗设备管理、能源计量信息化管理、能源和碳排放统计分析、转供电管理等五项工作流程。制度的完善和流程的规范，有助于确保公司在能耗双控方面的各项基础工作得以有序、高效地开展。其中，公司按照"超标收费、达标奖励"的原则，制定了转供电工作方案，为各固定注汽站设定了吨汽耗电指标，倒逼运维单位提高精细管理水平。三是强化员工业务素质齐推动。公司邀请行业专家，围绕能源计量、能源管理、能源评价等方面开展了多次专题培训，提高了各岗位专（兼）职节能管理人员的业务素质与能力，在公司产能区块的节能评价以及节能规划中发挥了关键作用。四是强化能源计量管理大提升。公司开展了能源计量仪表配备的专项调研，依据国家标准《GB

17167用能单位能源计量器具配备与管理通则》制定了《能源计量系统性提升方案》，确保与生产经营紧密结合，确定了对43台主要用能设备安装远传电表，为注汽站安装6台蒸汽能耗计量仪表，纳入生产信息化专项提升中一并实施，进一步提升公司能源管理的能力和水平。

此外，油气生产过程管控，还可以从以下几个方面进行提升。

1.优化生产计划和调度

通过优化生产计划和调度，合理安排油气开采和生产计划，提高生产效率和质量。同时，要根据市场需求和实际情况及时调整计划，确保油气资源的合理利用和产出的最大化。

2.加强生产过程监控

对油气生产过程进行实时监控，及时发现和解决问题。通过监控生产过程中的各项指标，如压力、温度、流量等，确保生产过程的稳定和安全。

3.强化安全管理

油气生产过程中安全管理是至关重要的。要建立健全安全管理制度和体系，加强员工安全培训和教育，提高员工的安全意识和操作技能。同时，要加强设备维护和检查，确保设备安全运行。

4.推行清洁生产

积极推行清洁生产技术，减少污染排放和对环境的影响。例如，采用高效除油技术和废水处理技术等，实现废物的减量化、资源化和无害化。

5.加强质量检测和控制

对油气产品进行严格的质量检测和控制，确保产品质量符合要求。通过加强质量检测和控制，可以降低不合格产品的比例和客户的投诉率，提高企业的信誉和市场竞争力。

（三）加强油气生产过程管控的实施效果

1.提高油气资源利用效率

通过加强油气生产过程管控，可以更加合理地利用油气资源，提高资源的利用效率。这不仅可以降低企业的生产成本，还可以减少对周边环境的破坏和生态影响。

2.减少环境污染

通过对油气生产过程的管控，可以显著减少废气、废水和固体废物的排放。这有助于保护环境，改善周边居民的生活质量，实现可持续发展。

3.提高企业经济效益

通过加强油气生产过程管控，可以提高企业的生产效率和产品质量。这不仅可以满足市场需求，还可以提高企业的经济效益和市场竞争力。

4.提升企业形象和社会责任感

通过加强油气生产过程管控，企业可以树立良好的形象和社会责任感。这有助于提高企业的社会认可度和品牌价值，为企业长远发展奠定基础。

总之，加强油气生产过程管控是降低浪费和污染排放的重要途径。通过优化生产计划和调度、加强生产过程监控、强化安全管理、推行清洁生产和加强质量检测和控制等措施的实施，可以推动油气生产的可持续发展和企业价值的提升。

第四节　创新升级持续推动节能降碳改造

一、加强节能技术研发和创新，推广清洁能源和可再生能源替代

随着全球能源结构的转型和气候变化问题的日益严峻，节能减排已经成

为各国政府和企业共同面临的重要任务。加强节能技术研发和创新，推广清洁能源和可再生能源替代传统能源，对于实现可持续发展具有重要意义。下面将从节能技术研发和创新的重要性、具体措施和实施效果三个方面进行探讨。

（一）节能技术研发和创新的重要性

1.降低能源消耗和碳排放

通过研发和创新节能技术，可以有效地降低能源消耗和碳排放。这不仅可以减少对传统能源的依赖，还可以降低企业的生产成本，提高经济效益。

2.促进绿色发展

节能技术的推广和应用可以促进绿色发展，减少对环境的破坏和污染。通过研发和创新清洁能源和可再生能源，可以推动能源结构的转型，实现可持续发展。

3.提高国际竞争力

在全球化背景下，各国都在加强节能技术研发和创新，以实现可持续发展。加强节能技术研发和创新，可以提高企业的国际竞争力，为未来发展赢得先机。

（二）加强节能技术研发和创新的具体措施

1.加大科研投入

政府和企业应加大对节能技术研发的投入，鼓励和支持科研机构、高校和企业开展相关研究。通过资金支持、政策引导等方式，推动节能技术的创新和应用。

2.加强产学研合作

加强企业、高校和科研机构之间的合作，推动产学研一体化发展。通过联合开展技术研究、成果转化和推广应用等工作，提高节能技术的研发和创新水平。

3.推广清洁能源和可再生能源

积极推广清洁能源和可再生能源的开发和应用，如太阳能、风能、水能等。通过政策引导、技术支持等方式，鼓励企业加大对清洁能源和可再生能源的投入和应用。

4.引进先进技术

积极引进国际先进技术，如高效节能设备、智能控制技术等。通过消化吸收再创新的方式，提高我国节能技术的整体水平。

5.培养人才队伍

加强节能技术人才的培养和引进，建立完善的人才培养体系。通过培养具有创新能力和实践经验的人才队伍，推动节能技术的持续发展。

（三）加强节能技术研发和创新实施效果

1.提高能源利用效率

通过加强节能技术研发和创新，可以提高能源利用效率，减少能源浪费。这有助于降低企业的生产成本，提高经济效益，同时也有助于减少对传统能源的依赖。

2.促进绿色低碳发展

通过推广清洁能源和可再生能源替代传统能源，可以减少对环境的破坏和污染。这有助于推动绿色低碳发展，实现可持续发展。

3.提升国际竞争力

加强节能技术研发和创新，可以提高企业的国际竞争力。在全球化背景下，具有先进节能技术的企业更具有竞争力，可以在国际市场上获得更多的机会和优势。

4.推动产业升级

加强节能技术研发和创新可以推动相关产业的升级和发展。节能技术的推广和应用可以带动相关产业链的发展，如设备制造、技术服务等产业的发展。

5.增强社会责任感

加强节能技术研发和创新可以增强企业的社会责任感。企业通过推广和应用节能技术可以减少对环境的污染和破坏，同时也可以提高企业的社会形象和声誉。

总之，加强节能技术研发和创新是降低能源消耗和碳排放的重要途径。通过加大科研投入、加强产学研合作、推广清洁能源和可再生能源、引进先进技术和培养人才队伍等措施的实施，可以推动节能技术的研发和创新水平的提高，为实现可持续发展企业国际竞争力的提升以及产业升级和社会责任感增强奠定基础。

二、优化生产工艺和设备配置，降低能源消耗和碳排放

在全球气候变化和环境问题日益严重的背景下，降低能源消耗和碳排放已经成为各行各业共同面临的重要任务。优化生产工艺和设备配置是实现这一目标的有效途径。下面将从优化生产工艺和设备配置的重要性、具体措施和实施效果三个方面进行探讨。

（一）优化生产工艺和设备配置的重要性

1.减少能源浪费

优化生产工艺和设备配置可以减少能源浪费，提高能源利用效率。通过改进生产流程和合理配置设备，可以降低生产过程中的能源消耗，从而降低企业的生产成本。

2.降低碳排放

优化生产工艺和设备配置可以降低碳排放。通过减少能源消耗，可以减少温室气体的排放，从而为减缓气候变化做出贡献。

3.提高企业竞争力

优化生产工艺和设备配置可以提高企业的竞争力。通过降低能源消耗和碳排放，可以减少对环境的影响，提高企业的社会形象和声誉。同时，也可以降低企业的生产成本，提高经济效益。

（二）优化生产工艺和设备配置的具体措施

1.改进生产工艺

通过对现有生产工艺进行改进，可以提高生产效率，降低能源消耗。例如，采用高效的生产方法和技术，优化生产流程，减少生产环节等。

2.更新设备配置

通过对设备进行更新和升级，可以提高设备的能源利用效率，降低碳排放。例如，采用高效节能设备、智能化控制系统等。

3.培训员工

通过对员工进行培训和教育，可以提高员工的节能意识和技能水平。通过让员工了解节能减排的重要性，提高员工的节能意识和责任感，从而促进节能减排工作的开展。

4.引入第三方评估

引入第三方评估机构对企业的生产工艺和设备配置进行评估，提出改进意见和建议。通过专业的评估和建议，可以帮助企业发现存在的问题和不足，从而进行改进。

5.加强监测和维护

加强设备的监测和维护工作，确保设备的正常运行和能源利用效率。通过定期检查和维护设备，可以及时发现和处理设备故障和问题，避免因设备故障导致的能源浪费和碳排放增加。

（三）优化生产工艺和设备配置的实施效果

1.提高能源利用效率

通过优化生产工艺和设备配置，可以提高能源利用效率，减少能源浪费。这有助于降低企业的生产成本，提高经济效益。新春公司将节能技改与隐患治理工作合并运行，统筹解决资金渠道问题。公司加大节能技改项目资金投入，投入 3 000 多余万元，实施了注汽管线保温改造、采出水资源化利用二期配套、活动锅炉热效率提升、排气注水系统"低输高注"改造、单拉罐电加热自控优化等五项节能技改项目，同时，创新实施了节能管家服务，开展了节能体系管理信息系统建设等管理提升项目，有力提高了公司的能源利用效率和管理水平，实现了能耗双控本质化保障。

2.降低碳排放

通过减少能源消耗和改进生产工艺，可以降低碳排放。这有助于减缓气候变化，保护环境。

3.提高企业竞争力

优化生产工艺和设备配置可以提高企业的竞争力。通过降低能源消耗和碳排放，可以减少对环境的影响，提高企业的社会形象和声誉。同时，也可以降低企业的生产成本，提高经济效益。

4.推动可持续发展

优化生产工艺和设备配置可以推动可持续发展。通过降低能源消耗和碳排放，可以实现绿色低碳发展，促进经济、社会和环境的协调发展。

5.增强创新能力

优化生产工艺和设备配置可以增强企业的创新能力。通过对现有生产工艺和设备进行改进和升级，可以提高企业的技术水平和创新能力，为未来的发展奠定基础。

总之，优化生产工艺和设备配置是降低能源消耗和碳排放的重要途径。通过改进生产工艺、更新设备配置、培训员工、引入第三方评估加强监测和维护等措施的实施，可以实现能源利用效率的提高，降低碳排放，提高企业竞争力，推动可持续发展以及增强创新能力为企业的可持续发展奠定基础。

三、实施能源管理和监测体系，提高能源利用效率和碳减排效果

随着全球能源危机和气候变化问题的日益严峻，提高能源利用效率和降低碳排放已经成为各国政府和企业共同面临的重要任务。实施能源管理和监测体系是实现这一目标的重要手段。下面将从实施能源管理和监测体系的重要性、具体措施和实施效果三个方面进行探讨。

（一）实施能源管理和监测体系的重要性

1.确保能源安全

实施能源管理和监测体系可以确保能源安全。通过对能源的合理配置和有效利用，可以减少对传统能源的依赖，降低能源供应中断的风险，保障国家和企业的能源安全。

2.促进经济发展

实施能源管理和监测体系可以促进经济发展。通过提高能源利用效率，可以降低企业的生产成本，提高经济效益。同时，也可以推动能源产业的发展，带动相关产业链的繁荣，为国家经济发展注入新的动力。

3.保护环境

实施能源管理和监测体系可以保护环境。通过降低碳排放和减少能源消耗，可以减少对环境的污染和破坏，保护生态环境。同时，也可以降低温室气体的排放，减缓气候变化的影响。

4.提高企业竞争力

实施能源管理和监测体系可以提高企业的竞争力。通过提高能源利用效率和降低碳排放，可以提高企业的社会形象和声誉，吸引更多的消费者和投资者。同时，也可以降低企业的生产成本，提高经济效益和市场竞争力。

（二）实施能源管理和监测体系的措施

1.制订能源管理计划

制订详细的能源管理计划，包括能源的采购、储存、分配和使用等方面。通过合理的计划和安排，可以有效地提高能源利用效率。

2.建立能源监测系统

建立完善的能源监测系统，对企业的能源使用情况进行实时监测和记录。通过数据分析和对比，可以及时发现和解决能源浪费和排放问题。

3.引入节能技术

引入先进的节能技术和设备，例如高效电机、节能灯具等。通过技术改造和设备更新，可以提高能源利用效率，降低碳排放。

4.推动员工参与

推动企业员工积极参与能源管理和监测工作。通过开展节能宣传和教育活动，提高员工的节能意识和责任感，鼓励员工在工作中节约能源和减少排放。

5.与专业机构合作

与专业的能源管理和监测机构合作，引入先进的理念和技术。通过合作与交流，可以学习和掌握更多的节能减排经验和技能，为企业发展提供支持。

（三）实施能源管理和监测体系的实施效果

1.提高能源利用效率

实施能源管理和监测体系可以提高能源利用效率，减少能源浪费。这有助于降低企业的生产成本，提高经济效益。

2.降低碳排放

通过减少能源消耗和改进生产工艺可以降低碳排放。这有助于减缓气候变化保护环境。同时也可以减少对环境的污染和破坏，提高企业的社会形象和声誉，吸引更多的消费者和投资者，降低企业的生产成本，提高经济效益和市场竞争力。

3.促进可持续发展

实施能源管理和监测体系可以促进可持续发展，实现经济社会的协调发展。通过合理利用能源和减少排放保护环境为未来的发展奠定基础，实现可持续发展目标。

4.提高企业竞争力

实施能源管理和监测体系可以提高企业的竞争力。通过提高能源利用效率和降低碳排放，可以提高企业的社会形象和声誉，吸引更多的消费者和投资者，同时可以降低企业的生产成本，提高经济效益和市场竞争力，为企业的可持续发展奠定基础，实现可持续发展目标，推动经济社会的协调发展，为企业赢得更好的发展机遇。

第五节 积极探索绿色能源发展之路

一、发展可再生能源产业，推动新能源与传统能源协同发展

随着全球能源结构的转型，可再生能源产业已成为各国争相发展的重点。中国作为世界上最大的能源消费国，发展可再生能源产业对于实现能源安全、促进经济发展、保护生态环境等方面具有重要意义。下面将从发展可再生能

源产业的重要性、具体措施和实施效果三个方面进行探讨。

（一）发展可再生能源产业的重要性

1.保障能源安全

发展可再生能源产业可以减少对传统能源的依赖，降低能源进口风险，保障国家能源安全。通过发展新能源，可以拓宽能源供应渠道，增加能源供应量，提高能源保障能力。

2.促进经济发展

发展可再生能源产业可以推动经济发展。新能源产业具有较高的技术含量和附加值，可以带动相关产业链的发展，创造更多的就业机会。同时，新能源产业的发展也可以促进产业结构升级和优化，提高国家经济发展的质量和效益。

3.保护生态环境

发展可再生能源产业可以减少对环境的污染和破坏，保护生态环境。新能源具有清洁、低碳、环保等优点，可以减少温室气体排放和空气污染，改善人民生活质量。同时，发展新能源也可以促进生态环境的恢复和保护，推动生态文明建设。

4.推动技术创新

发展可再生能源产业可以推动技术创新和进步。新能源产业涉及多个领域的技术，包括太阳能、风能、水能等。发展新能源可以促进相关技术的研发和应用，推动科技创新和产业升级。

（二）发展可再生能源产业的措施

1.加强政策支持

政府应加大对可再生能源产业的政策支持力度。通过制定税收优惠、补贴政策、市场准入等措施，鼓励企业投资和开发新能源项目。同时，应加强对新能源产业的监管和管理，确保市场的公平和透明。

2.加强科技创新

加强科技创新是推动可再生能源产业发展的关键。应加大对新能源技术研发的投入力度，鼓励企业加强与高校、科研机构的合作，推动技术成果的转化和应用。同时，应积极引进国外先进技术和管理经验，提高国内新能源产业的竞争力和水平。

3.建设新能源基础设施

建设新能源基础设施是发展可再生能源产业的重要保障。应加强新能源电网建设、储能设施建设等，提高新能源的并网能力和消纳水平。同时，应加强新能源输送和分配设施的建设和管理，确保新能源的稳定供应和安全运行。

4.推广新能源应用

推广新能源应用是促进可再生能源产业发展的重要手段。应加强对新能源应用的宣传和教育力度，提高公众对新能源的认识和接受程度。同时，应积极推广新能源在交通、建筑、工业等领域的应用，扩大新能源的市场份额和应用范围。

（三）发展可再生能源产业的实施效果

1.增加能源供应

发展可再生能源产业可以增加能源供应量，提高能源保障能力。通过开发新能源资源，可以拓宽能源供应渠道，满足日益增长的能源需求。同时，新能源的开发也可以促进传统能源的节约和高效利用。

2.促进经济发展

发展可再生能源产业可以促进经济发展。新能源产业的发展可以带动相关产业链的发展，创造更多的就业机会和经济效益。同时，新能源产业的发展也可以促进产业结构升级和优化，提高国家经济发展的质量和效益。

3.保护生态环境

发展可再生能源产业可以减少对环境的污染和破坏，保护生态环境。通过减少传统能源的使用和推广新能源的应用，可以减少温室气体排放和空气污染，改善人民生活质量，同时也可以促进生态环境的恢复和保护，推动生态文明建设，为可持续发展奠定基础，实现可持续发展目标，推动经济社会的协调发展，为企业赢得更好的发展机遇。

二、加强与相关企业合作，推动绿色能源技术创新和应用

随着全球能源结构的转型，绿色能源技术成为未来发展的重要方向。通过加强与相关企业的合作，可以推动绿色能源技术的创新和应用，促进可持续发展和经济社会协调发展。下面将从合作的重要性、具体措施和实施效果三个方面进行探讨。

（一）合作的重要性

1.推动技术创新

通过与相关企业合作，可以共同研发和推广绿色能源技术，加速技术创新和产业升级。合作可以促进信息共享、技术交流和资源整合，提高技术研发的效率和成功率。

2.实现共赢发展

绿色能源技术的发展和应用需要产业链上下游企业的协同配合。通过与相关企业合作，可以形成共赢的合作关系，共同推动绿色能源产业的发展。合作可以促进产业分工、资源优化和利益共享，提高整体竞争力。

3.降低风险和成本

绿色能源技术的研发和应用涉及较高的风险和成本。通过与相关企业合

作,可以共同承担风险和成本,降低单独行动的难度和不确定性。同时,合作可以促进知识和资源的共享,降低技术推广和应用的成本。

4.促进可持续发展

绿色能源技术的发展和应用对于实现可持续发展具有重要意义。通过与相关企业合作,可以共同推进可持续发展目标的实现,促进经济、社会和环境的协调发展。合作可以增强企业和社会的责任感和使命感,推动可持续发展理念的普及和落实。

(二)加强与相关企业合作的措施

1.建立合作伙伴关系

与相关企业建立稳定的合作伙伴关系是加强合作的关键。可以选择具有互补优势的企业建立合作关系,共同研发和推广绿色能源技术。合作伙伴之间可以签订协议或合同,明确合作目标和责任义务,建立长期稳定的合作关系。

2.加强信息沟通和资源共享

加强信息沟通和资源共享是促进合作的重要手段。合作伙伴之间可以定期召开会议或进行线上交流,分享研发进展、市场信息和技术资源等,提高合作效率和成果。同时,可以通过共建实验室、联合培养人才等方式加强资源共享和技术交流。

3.推动产业联盟和集群发展

推动产业联盟和集群发展是加强合作的重要途径。可以联合相关企业、研究机构和行业协会等共同组建产业联盟或集群,实现资源整合、协同创新和利益共享。产业联盟或集群可以搭建平台,提供技术支持、政策咨询和市场推广等服务,促进绿色能源技术的创新和应用。

4.加强政策引导和支持

政府可以通过政策引导和支持来促进相关企业合作。可以出台税收优惠、财政补贴、土地优惠等政策措施，鼓励企业加大绿色能源技术的研发和应用力度。同时，可以搭建平台、提供服务等帮助企业加强合作和资源整合，推动绿色能源产业的快速发展。

（三）加强与相关企业合作的实施效果

1.加速技术创新和产业升级

通过与相关企业合作，可以共同投入资源进行技术研发和创新，加速绿色能源技术的突破和应用。同时，可以促进产业链上下游企业的协同配合，推动整个产业的升级和发展。

2.提高市场竞争力

通过与相关企业合作，可以提高整体市场竞争力。合作伙伴之间可以实现资源共享、优势互补和市场协同，降低成本和提高效率。同时，可以共同应对市场挑战和竞争压力，增强企业的竞争力和市场地位。

3.促进可持续发展

通过与相关企业合作，可以共同推进可持续发展目标的实现。绿色能源技术的发展和应用有助于降低环境污染和资源浪费，改善人民生活质量和生态环境。

三、拓展绿色能源市场和产业链，实现可持续发展目标

通过拓展绿色能源市场和产业链，可以推动可持续发展目标的实现，促进经济、社会和环境的协调发展。下面将从拓展绿色能源市场和产业链的重要性、具体措施和实施效果三个方面进行探讨。

（一）拓展绿色能源市场和产业链的重要性

1.推动可持续发展

拓展绿色能源市场和产业链是实现可持续发展目标的重要途径。绿色能源的发展可以减少对传统能源的依赖，降低环境污染和资源浪费，改善人民生活质量和生态环境。同时，拓展绿色能源市场和产业链可以促进经济、社会和环境的协调发展，为企业赢得更好的发展机遇。

2.促进创新和产业升级

拓展绿色能源市场和产业链可以促进技术创新和产业升级。随着绿色能源技术的不断发展和应用，企业需要不断进行技术创新和产业升级来适应市场需求。拓展绿色能源市场和产业链可以为企业提供更广阔的发展空间和机遇，推动整个产业的升级和发展。

3.提高国际竞争力

拓展绿色能源市场和产业链可以提高国际竞争力。随着全球能源结构的转型，越来越多的国家和地区开始重视绿色能源的发展。通过拓展绿色能源市场和产业链，可以促进国际贸易合作和技术交流，为企业赢得更多的国际市场份额和合作伙伴。

4.保障国家能源安全

拓展绿色能源市场和产业链可以保障国家能源安全。传统能源的供应受到许多因素的影响，如政治局势、自然灾害等。而绿色能源的发展可以减少对传统能源的依赖，提高国家的能源安全性。同时，拓展绿色能源市场和产业链可以促进国内企业的自主创新和技术进步，为国家能源安全提供有力保障。

（二）拓展绿色能源市场和产业链的具体措施

1.加强政策支持

政府可以通过政策支持来推动拓展绿色能源市场和产业链。可以出台税收优惠、财政补贴、土地优惠等政策措施，鼓励企业加大绿色能源技术的研发和应用力度。同时，可以建立绿色能源发展的标准和规范，推动整个产业的升级和发展。

2.加强科技创新

加强科技创新是拓展绿色能源市场和产业链的关键。可以加大对绿色能源技术研发的投入力度，鼓励企业加强技术创新和产业升级。同时，可以加强与高校、研究机构的合作交流，共同推动绿色能源技术的发展和应用。

3.建设绿色能源基地

建设绿色能源基地是拓展绿色能源市场和产业链的重要手段。可以在有条件的地区建设绿色能源基地，集中优势资源进行绿色能源技术的研发和推广应用。同时，可以加强与周边国家和地区的合作交流，共同建设绿色能源基地和产业链。

4.加强国际合作

加强国际合作是拓展绿色能源市场和产业链的重要途径。可以加强与国际组织和国家的合作交流，共同推动绿色能源技术的发展和应用。同时，可以加强国际贸易合作和技术交流，为企业赢得更多的国际市场份额和合作伙伴。

（三）拓展绿色能源市场和产业链的实施效果

1.促进经济增长

拓展绿色能源市场和产业链可以促进经济增长。随着绿色能源技术的不断发展和应用，可以带动相关产业的发展和创新，为企业提供更广阔的发展空间和机遇。同时，可以创造更多的就业机会和社会财富，推动经济社会的协调发展。

2.提高人民生活质量

拓展绿色能源市场和产业链可以提高人民生活质量。随着绿色能源技术的不断发展和应用，可以改善人民的生活环境和质量。同时，可以促进农村经济发展和扶贫上述文章从"加强与相关企业合作"以及"拓展绿色能源市场和产业链"两个方面进行了深入的探讨，旨在推动绿色能源技术的创新和应用，实现可持续发展目标。

第七章 碳减排政策建议

第一节 碳减排相关政策现状

一、国内外碳减排政策概述

随着全球气候变化的加剧，碳减排已成为全球各国共同面临的重要问题。下面将从国际和国内两个方面，概述国内外碳减排政策的现状、特点、挑战和趋势，以期为相关领域的研究和实践提供参考和借鉴。

（一）国际碳减排政策概述

1.联合国气候变化框架公约（UNFCCC）

UNFCCC 是国际社会应对气候变化的主要法律框架，其目标是稳定大气中的温室气体浓度。该公约于 1992 年通过，1995 年开始生效。UNFCCC 的碳减排政策主要通过以下三个方面来实现。

（1）减缓：要求各国制定减排计划，并采取措施实施减排计划。

（2）适应：要求各国制定适应气候变化的政策和措施，以应对气候变化带来的影响。

（3）资金和技术：要求发达国家提供资金和技术支持，以帮助发展中国家应对气候变化。

2.京都议定书（Kyoto Protocol）

Kyoto Protocol 是 UNFCCC 下的一项具有法律约束力的协议，规定了工业化国家的减排目标。该议定书于 1997 年通过，2005 年开始生效。其主要内容如下。

（1）减排目标：工业化国家承诺在 2008—2012 年期间减排 5%的温室气体排放量。

（2）灵活机制：允许工业化国家通过购买排放配额或使用清洁发展机制等方式实现减排目标。

（3）资金和技术：要求发达国家提供资金和技术支持，以帮助发展中国家应对气候变化。

3.巴黎协定（Paris Agreement）

Paris Agreement 是 UNFCCC 下的一项重要协议，旨在将全球气温上升控制在 2℃以内。该协议于 2015 年通过，2016 年开始生效。其主要内容如下。

（1）国家自主决定减排目标：各国自主决定减排目标，并采取措施实现减排目标。

（2）资金和技术支持：要求发达国家提供资金和技术支持，以帮助发展中国家应对气候变化。

（3）透明度和监测机制：要求各国建立透明度和监测机制，对减排目标和措施进行监测和评估。

（二）国内碳减排政策概述

中国是全球最大的碳排放国之一，也是全球碳减排的重要参与国之一。中国政府一直致力于推进碳减排工作，采取了一系列政策。

1.产业结构调整

中国政府积极推动产业结构调整，发展低碳产业，限制高碳排放产业的发展。同时鼓励企业进行技术创新和升级，提高能源利用效率。

2.能源结构调整

中国政府加大了对清洁能源的投资和支持力度,大力发展风能、太阳能等可再生能源。同时加强了对煤炭等传统能源的清洁利用和节能增效。

3.碳排放权交易制度

中国政府逐步建立碳排放权交易制度,通过市场手段推动企业降低碳排放。目前,中国已经启动了全国碳排放权交易市场,并逐步完善相关法规和监管体系。

4.税收政策

中国政府通过税收政策手段,对高碳排放行业和企业加征环保税和资源税等税收,以限制其对环境的负面影响,同时鼓励企业采取环保措施和技术创新。

5.国际合作

中国政府积极参与国际气候治理合作,与各国开展广泛的气候合作和对话。同时加大对发展中国家气候援助和支持力度。

二、我国碳减排政策的特点及挑战和趋势

(一)我国碳减排政策特点

我国碳减排政策具有以下几个特点。

1.以政府主导为主

我国碳减排政策主要以政府主导为主,政府通过制定各种法规和政策措施来推动碳减排工作。例如,政府对高碳排放行业和企业实行严格的监管和限制,对一些清洁能源和低碳产业给予扶持和鼓励。此外,政府还积极开展国际合作,参与全球气候治理。

2.多种政策手段综合运用

我国政府采取了多种政策手段综合运用的方式,包括产业结构调整、能源结构调整、碳排放权交易制度、税收政策等。这些政策手段相互配合、相互促进,形成了有效的政策体系,以推动碳减排工作的开展。

3.注重市场机制的作用

我国政府开始注重市场机制的作用,通过建立碳排放权交易市场等方式,发挥市场在资源配置中的决定性作用。这一方面可以激励企业采取措施降低碳排放,另一方面也可以通过市场手段优化资源配置,提高能源利用效率。

4.强调科技创新的作用

我国政府强调科技创新在碳减排中的作用,鼓励企业进行技术创新和升级,提高能源利用效率。政府还加大对清洁能源和低碳产业的研发和支持力度,推动其快速发展。

(二)我国碳减排政策面临的挑战和趋势

虽然我国碳减排政策取得了一定的成效,但仍面临着一些挑战和趋势。

1.进一步优化产业结构

虽然我国政府一直在积极推动产业结构调整,但仍存在一些高碳排放产业转型困难的问题。未来需要进一步优化产业结构,大力发展低碳产业和高技术产业,推动经济高质量发展。

2.加强能源转型和节能减排

我国能源结构以煤炭为主,碳排放量居高不下。未来需要进一步加大能源转型力度,大力发展清洁能源和可再生能源,同时加强节能减排技术研发和应用,提高能源利用效率。

3.发挥地方政府的积极作用

地方政府在碳减排中具有重要作用。未来需要进一步发挥地方政府的积极作用，鼓励其制定更加严格的碳减排政策措施，推动区域协调发展。

4.加强国际合作和气候外交

全球气候治理需要各国共同努力，我国政府需要进一步加强国际合作和气候外交，积极参与全球气候治理体系的建设和完善，推动全球气候治理取得更加显著的成果。

5.建立健全碳交易市场和金融体系

建立健全碳交易市场和金融体系是推动碳减排的重要手段。未来需要进一步完善碳排放权交易制度，扩大覆盖范围，同时加强金融机构对碳减排的支持力度，推动碳交易市场的发展和成熟。

6.强化科技创新引领作用

科技创新是推动碳减排的重要动力。未来需要进一步强化科技创新的引领作用，加大对清洁能源和低碳产业的技术研发和支持力度，推动科技创新成果的转化和应用。

总之，我国碳减排政策面临着诸多挑战和趋势，需要政府、企业和公众共同努力，加强协作和创新，推动碳减排工作取得更加显著的成果。

三、重点区域和行业碳减排政策实施情况

随着全球气候变化问题日益严重，各国纷纷采取措施降低碳排放，以保护生态环境和应对气候变化带来的挑战。中国作为全球最大的碳排放国家之一，制定并实施了一系列碳减排政策，以实现低碳、可持续的发展。

（一）重点区域碳减排政策实施情况

1.京津冀地区

作为中国的重要经济中心之一，京津冀地区在碳减排方面承担着重要的责任。该地区采取了多种手段，包括优化能源结构、推广清洁能源、提高能

源利用效率等，以降低碳排放。同时，还加强了对钢铁、电力等重点行业的监管力度，推动企业进行技术升级和产业转型。

2.长江三角洲地区

长江三角洲地区是中国经济最发达的地区之一，也是碳排放的主要来源之一。该地区通过优化产业布局、推动产业升级等措施，积极降低碳排放。同时，还加强了对新能源产业的扶持力度，推动清洁能源的应用和发展。

3.珠江三角洲地区

珠江三角洲地区是中国南方地区的重要经济中心，也是碳排放的主要来源之一。该地区通过推动产业升级、优化能源结构等措施，积极降低碳排放。同时，还加强了对环保产业的扶持力度，推动环保产业的发展。

（二）重点行业碳减排政策实施情况

1.电力行业

电力行业是碳排放的主要来源之一，因此也是碳减排的重点行业。我国政府采取了一系列措施，包括提高发电效率、推广清洁能源发电等，以降低电力行业的碳排放。同时，还加强了对电力企业的监管力度，推动企业进行技术升级和产业转型。

2.钢铁行业

钢铁行业是另一个碳排放的主要来源，我国政府对钢铁行业的碳减排也采取了一系列措施。例如，加强对钢铁企业的监管力度、推动企业进行技术升级和产业转型等。同时，还鼓励钢铁企业使用清洁能源和节能技术，以降低碳排放。

3.交通行业

交通行业是碳排放的重要来源之一，我国政府也采取了一系列措施来降低交通行业的碳排放。例如，鼓励使用公共交通工具、推广新能源汽车等。

同时，还加强了对交通行业的监管力度，推动企业进行技术升级和产业转型。

（三）政策实施效果及存在问题

通过重点区域和行业的碳减排政策实施，我国在降低碳排放方面取得了一定的成效。然而，也存在一些问题。

1. 政策执行力度不够

一些地方和企业在执行碳减排政策时存在一定的松懈现象，导致政策效果打了折扣。

2. 技术创新能力不足

虽然我国在清洁能源和节能技术方面取得了一定的进展，但与发达国家相比仍存在一定差距。技术创新能力的不足制约了碳减排的进一步推进。

3. 产业结构调整缓慢

一些传统产业在碳排放方面仍占据较大比重，而新兴产业的比重相对较小。产业结构调整缓慢在一定程度上影响了碳减排的效果。

4. 社会认知程度有待提高

虽然公众对气候变化问题的关注度不断提高，但仍有部分人对低碳生活和低碳消费的概念不够了解，缺乏参与意识。

（四）对策建议

针对以上问题，提出以下对策建议。

1. 加强政策执行力度

各级政府应加强对碳减排政策的执行力度，确保政策落到实处。同时建立健全的监督机制，对执行不力的部门和企业进行问责。

2. 提高技术创新能力

加大对清洁能源和节能技术研发的投入力度，鼓励企业进行技术创新和设备更新。同时加强国际合作与交流，引进先进技术和管理经验。

第二节 碳减排相关政策分析

一、碳减排政策的影响和作用

（一）碳减排政策对经济的影响

1.产业结构调整

碳减排政策对经济的影响首先表现在对产业结构的调整上。为了降低碳排放，政府采取了一系列措施鼓励发展低碳产业，如新兴能源、节能环保等。这使得低碳产业得到了快速发展，同时传统高碳排放产业也得到了有效控制。产业结构调整不仅有助于降低碳排放，还有利于经济的可持续发展。

2.能源消费结构优化

碳减排政策对能源消费结构也产生了积极的影响。政府通过鼓励使用清洁能源、提高能源利用效率等措施，优化了能源消费结构，使得清洁能源在总能源消费中的比重不断上升。这不仅有助于降低碳排放，还有利于提高能源安全保障能力。

3.技术创新驱动

碳减排政策对技术创新也起到了驱动作用。为了降低碳排放，企业需要不断进行技术创新和设备更新，提高生产效率和能源利用效率。这有助于推动经济发展方式的转变，实现经济高质量发展。

（二）碳减排政策对环境的影响

1.减少温室气体排放

碳减排政策最直接的环境影响就是减少温室气体排放。通过控制高碳排放行业的发展、推广清洁能源等措施，可以有效降低温室气体排放量，减缓全球气候变暖的趋势。

2.改善空气质量

碳减排政策还可以改善空气质量。随着能源消费结构的优化和低碳产业的发展，污染物排放量也会相应减少，空气质量会得到明显改善。这对于保护公众健康、改善生态环境都具有重要意义。

3.保护生态系统

碳减排政策对于保护生态系统也具有积极作用。通过控制碳排放和推广清洁能源，可以减少对自然生态系统的破坏，保护生物多样性和生态平衡。这对于维护地球生态系统的稳定具有至关重要的意义。

（三）碳减排政策对社会的影响

1.提高公众环保意识

碳减排政策在社会层面上的影响首先表现在提高公众的环保意识上。随着碳减排政策的推广和宣传，公众对于低碳生活和低碳消费的概念越来越熟悉，环保意识也不断提高。这有助于形成全社会共同参与环保的良好氛围。

2.促进绿色生活方式

碳减排政策还促进了绿色生活方式的形成。随着公众环保意识的提高，越来越多的人开始关注生活中的碳排放问题，并积极采取措施减少碳排放。例如，选择乘坐公共交通工具、减少私人车辆使用、采用节能设备等。这些绿色生活方式有助于降低个人碳排放，推动低碳社会的建设。

3.增强国际合作与交流

碳减排政策还为国际合作与交流提供了平台。中国在碳减排方面采取的措施和取得的成就得到了国际社会的广泛认可和赞誉。通过参与国际气候谈判、主办国际会议等活动，中国与其他国家之间的碳减排合作与交流得到了进一步加强。这有助于推动全球气候治理进程，实现共同应对气候变化的目标。

（四）结论

碳减排政策在经济、环境和社会方面都产生了深远的影响。通过产业结构调整、能源消费结构优化和技术创新驱动，碳减排政策有效地促进了低碳经济的发展，同时也有利于环境的改善和社会进步。然而，实施碳减排政策也面临着一些挑战，如经济成本、技术瓶颈和社会接受度等问题。因此，政府在制定和实施碳减排政策时，需要充分考虑各方面的因素，采取科学、合理、可持续的措施，以实现低碳、环保和可持续发展的目标。

（五）建议

为了更好地发挥碳减排政策的影响和作用，以下几点建议值得关注：

1.持续加强政策引导

政府应继续加强政策引导，鼓励企业采取低碳技术和措施，促进低碳经济的发展。同时，对于高碳排放的行业和产品，应逐步提高碳排放标准和税收，以增加其成本压力，促使其进行低碳转型。

2.强化科技创新支撑

加大科技创新投入，推动低碳技术的研发和应用。特别是在新能源、节能环保等领域，应加强技术研发和产业化，提高能源利用效率和碳排放控制水平。

3.提高公众参与度

通过加强宣传和教育，提高公众对低碳生活和环保的认识和意识。鼓励公众积极参与低碳行动，如减少私人车辆使用、选择绿色出行方式等。同时，政府也应为公众参与低碳行动提供更多的支持和便利。

4.加强国际合作与交流

积极参与国际气候治理和谈判，加强与其他国家的合作与交流。通过分享经验和技术，共同推动全球碳减排事业的发展。

5.完善政策评估和监督机制

建立完善的碳减排政策评估和监督机制，定期对政策实施效果进行评估和监督。根据评估结果及时调整政策措施，确保碳减排政策的科学性和有效性。

总之，碳减排政策是应对全球气候变化、保护生态环境和社会可持续发展的重要手段。只有政府、企业和社会各方共同努力，才能充分发挥碳减排政策的影响和作用，实现低碳、环保和可持续发展的目标。

二、碳减排政策存在的问题和挑战

碳减排政策在推动全球低碳经济发展、促进环境保护和社会可持续发展方面具有重要意义。然而，在实际实施过程中，碳减排政策也面临着许多问题和挑战。以下将详细分析碳减排政策存在的问题和挑战，包括政策制定、执行、监督等方面。

（一）政策制定方面

1.缺乏科学、合理的碳减排目标

目前，许多国家的碳减排目标缺乏科学、合理的依据和支持。这可能导致政策制定者无法准确了解碳排放的现状和趋势，也无法制定出更加有针对性的碳减排政策。

2.缺乏全面的政策规划

碳减排政策的制定需要全面考虑经济、社会和环境等多方面因素。然而，目前许多国家的碳减排政策缺乏全面的规划，导致政策之间缺乏协调和互补，甚至出现矛盾和冲突。

3.政策制定缺乏公众参与

公众是碳减排政策的重要参与者和支持者。然而，目前许多国家的碳减排政策制定过程缺乏公众参与，导致政策与公众利益和需求脱节，难以得到公众的支持和认可。

（二）政策执行方面

1.执行力度不够

由于碳减排政策的执行需要政府、企业和社会各方面的配合和努力，因此执行力度往往成为影响政策效果的关键因素。然而，目前许多国家的碳减排政策存在执行不力的问题，导致政策无法得到有效落实和实施。

2.缺乏激励机制

对于企业和个人而言，追求经济效益是他们的本能反应。因此，建立有效的激励机制是推动碳减排政策执行的重要手段。然而，目前许多国家的碳减排政策缺乏激励机制，导致企业和个人缺乏执行政策的积极性和动力。

3.执行成本高昂

碳减排政策的执行往往需要大量的资金和技术支持，因此执行成本成为影响政策效果的重要因素。然而，目前许多国家的碳减排政策存在执行成本高昂的问题，导致政府和企业无法承担这些成本，从而影响了政策的执行效果。

（三）政策监督方面

1.监督机制不健全

监督是确保碳减排政策有效实施的重要保障。然而，目前许多国家的碳减排政策存在监督机制不健全的问题，导致政策执行过程中出现的信息不对称、不透明等现象，难以对政策执行进行有效的评估和监督。

2.缺乏独立的第三方评估机构

第三方评估机构是确保碳减排政策有效实施的重要力量。然而，目前许多国家的碳减排政策缺乏独立的第三方评估机构，导致政策评估结果的可信度和公正性受到质疑，难以对政策进行有效的监督和调整。

3.监督力度不够

由于碳减排政策的监督需要政府、企业和社会各方面的配合和努力，因此监督力度往往成为影响政策效果的关键因素。然而，目前许多国家的碳减排政策存在监督力度不够的问题，导致政策执行过程中出现违规行为和质量低劣等情况，难以对政策进行有效的监督和调整。

（四）技术挑战

碳减排政策的实施需要强有力的技术支持，特别是在新能源、节能环保等领域。然而，目前许多国家在碳减排技术方面存在一定的短板和不足。同时，技术的研发和应用也需要大量的资金投入，对于一些经济实力相对较弱的国家而言，这是一个巨大的挑战。

（五）经济挑战

碳减排政策的实施需要大量的资金支持，特别是在产业结构调整、能源消费结构优化等方面。然而，目前许多国家在资金方面存在一定的短缺和不足。同时，由于全球经济形势的不稳定性和不确定性，也给碳减排政策的实施带来了一定的经济风险和挑战。

（六）社会挑战

碳减排政策的实施需要广泛的社会支持和参与。然而，目前许多国家在碳减排方面的社会意识和认知程度存在一定的不足。同时，一些企业和个人为了自身利益而不惜违法排放污染物、破坏生态环境等行为也给碳减排政策的实施带来了一定的社会挑战和困难。

综上所述，碳减排政策在制定、执行、监督等方面都存在一定的问题和挑战。为了充分发挥碳减排政策的影响和作用、实现低碳环保的目标，政府、企业和社会各方面需要共同努力，加强合作与交流。

三、碳减排政策与经济发展的关系

（一）碳减排政策对经济发展的影响

1.产业结构调整

碳减排政策对产业结构的影响主要体现在对高耗能、高污染产业的限制和约束。为了实现减排目标，政府会采取一系列措施限制高碳排放产业的发展，这将对相关产业造成一定的影响，如钢铁、化工等传统制造业。然而，通过产业结构调整和优化，可以促进新兴产业的发展，如新能源、节能环保等低碳产业，从而推动经济的可持续发展。

2.能源消费结构优化

碳减排政策对能源消费结构的影响主要体现在对传统能源的限制和约束，以及对新能源的支持和鼓励。通过限制传统能源的使用，推动清洁能源和可再生能源的发展，可以促进能源消费结构的优化。这将对相关产业链产生影响，如煤炭、石油等传统能源产业，但同时也会带动新能源产业链的发展，为经济增长注入新的动力。

3.技术创新与升级

碳减排政策对技术创新与升级的影响主要体现在对节能减排技术的研发和应用。通过政策引导和资金支持，鼓励企业进行技术创新和设备升级，提高能源利用效率，减少碳排放。这将对相关企业产生积极的影响，提高其市场竞争力，同时也会带动整个行业的技术进步和发展。

（二）经济发展对碳减排政策的影响

1.经济增速与减排目标矛盾

随着经济的快速发展，能源消耗和碳排放量也会相应增加。在追求经济增长的同时，实现减排目标往往存在一定的矛盾和冲突。一些国家为了满足经济发展需求，可能会放松对高碳排放产业的限制和约束，导致减排目标难以实现。

2.产业结构调整与就业压力

产业结构调整过程中，一些高耗能、高污染产业的减少或淘汰可能会造成一定的就业压力。同时，新兴产业的培育和发展需要一定的时间和资金投入，短期内可能无法吸纳大量的劳动力。这将对社会的稳定和发展带来一定的影响和挑战。

3.技术创新与升级的风险与成本

技术创新和设备升级需要大量的资金投入和技术支持，同时也存在一定的风险和不确定性。一些企业可能会因为技术创新和升级的成本过高而选择放弃或延缓升级改造。此外，一些落后地区或技术实力较弱的企业也可能无法承担技术创新和升级的成本，从而影响到减排政策的实施效果。

（三）平衡碳减排与经济发展的对策建议

1.制定科学、合理的减排目标和规划

制定科学、合理的减排目标和规划是平衡碳减排与经济发展的关键。政府在制定减排目标时应该充分考虑经济发展的实际需求和技术水平，同时结合国内外形势和未来发展趋势进行合理预测和规划。在制定规划时应该注重政策的协调性和互补性，避免出现矛盾和冲突。

2.推动产业结构调整和优化升级

产业结构调整和优化升级是平衡碳减排与经济发展的重要途径。政府应该加强对高耗能、高污染产业的监管和限制力度，同时鼓励和支持低碳产业的发展。通过政策引导和市场机制的结合，推动传统产业向高端化、智能化、绿色化方向发展。同时注重培育新兴产业，提高经济增长的质量和效益。

3.加强技术创新和设备升级的支持力度

技术创新和设备升级是平衡碳减排与经济发展的重要手段。政府应该加大对节能减排技术研发和应用的支持力度，鼓励企业进行技术创新和设备升级。通过提供资金支持、税收优惠等措施降低企业的成本和风险，提高企业的积极性和参与度。同时加强国际合作与交流，引进国外先进技术和管理经验，推动我国碳减排工作的深入开展。

第三节 碳排放交易政策建议

一、碳排放交易政策的重要性和必要性

碳排放交易政策是全球应对气候变化、减少温室气体排放的关键手段之一。通过为碳排放定价并建立交易市场，碳排放交易政策能够有效地将环保成本纳入经济活动之中，推动企业采取更加环保、低碳的生产方式，促进可持续发展。以下是碳排放交易政策的重要性和必要性。

（一）降低温室气体排放

碳排放交易政策的核心目的是降低温室气体排放。通过将碳排放权转化为可以交易的商品，企业需要根据自身排放量在市场上购买碳排放权，从而增加了排放成本。这使得企业有动力采取措施降低碳排放，例如采用清洁能源、提高能源利用效率等。通过这种方式，碳排放交易政策能够有效地减少温室气体排放，减缓全球变暖的趋势。

（二）促进技术创新和产业升级

碳排放交易政策对企业的经济活动产生了一定的约束和激励作用。为了降低碳排放成本，企业会积极探索新的生产方式和能源利用方式，推动技术创新和产业升级。同时，碳排放交易政策也为新兴产业提供了发展机会，例如清洁能源、节能环保等产业。这些产业在政策支持下得到快速发展，为经济增长注入新的动力。

（三）提高资源利用效率

碳排放交易政策通过市场机制来配置资源，使企业更加注重资源利用效率。在市场上购买碳排放权的企业需要支付相应的成本，这使得企业更加关注能源利用效率、降低生产过程中的浪费等。通过这种方式，碳排放交易政策能够促进资源优化配置，提高整个社会的资源利用效率。

（四）促进可持续发展

碳排放交易政策是实现可持续发展的重要手段之一。通过将环保成本纳入经济活动之中，推动企业采取更加环保、低碳的生产方式，促进可持续发展。同时，碳排放交易政策也能够促进就业结构的调整和优化，推动经济发展向绿色、低碳的方向转型。这不仅能够实现经济增长与环境保护的协调发展，还能够提高人民的生活质量和社会福利水平。

（五）加强国际合作与交流

应对气候变化是全球性的任务，需要各国共同努力。碳排放交易政策是全球范围内推广和实施的重要手段之一，加强了各国之间的合作与交流。通过参与国际碳排放交易市场，我国可以引进国外先进的技术和管理经验，提高自身的碳排放治理能力和水平。同时也可以为国内企业提供更多的商机和出口机会，推动经济发展和环境保护的良性循环。

（六）推动绿色金融发展

碳排放交易政策与绿色金融密切相关。通过将碳排放权转化为可以交易的商品，企业可以将其作为抵押物或质押物向金融机构申请贷款，从而获得更多的融资支持。这不仅能够促进企业的绿色转型和升级换代，还能够推动金融机构创新产品和服务方式，发展绿色金融业务。同时也有助于吸引更多的社会资本进入绿色投资领域，促进绿色金融市场的健康发展。

综上所述，碳排放交易政策的重要性和必要性不言而喻。通过建立市场机制、配置资源、促进技术创新和产业升级、提高资源利用效率、促进可持续发展以及加强国际合作与交流等多方面措施的实施，碳排放交易政策能够有效地推动我国经济向低碳、环保的方向转型和发展。同时也有助于减缓全球变暖的趋势、保护生态环境以及促进人类社会的可持续发展。

二、碳排放交易政策的国际经验与启示

（一）国际碳排放交易政策的经验

1.欧盟碳排放交易体系

欧盟是全球最早实施碳排放交易政策的地区之一。欧盟碳排放交易体系（EU ETS）于2005年开始实施，是全球最大的碳排放交易市场之一。该体系分为三个阶段，分别为2005—2007年、2008—2012年、2013—2020年。在每个阶段，欧盟都会设定相应的碳排放配额，并允许企业之间进行碳排放权的交易。

欧盟碳排放交易体系的特点包括：设定明确的减排目标、建立完善的监管体系、允许企业之间进行碳排放权的交易、采取拍卖的方式分配碳排放权等。该体系的实施取得了显著的成效，截至2019年，欧盟的碳排放量已经减少了25%左右。

2.美国碳排放交易政策

美国是全球最大的经济体之一，也是全球碳排放量最大的国家之一。为了应对气候变化、减少温室气体排放，美国实施了一系列的碳排放交易政策。其中最具代表性的是加利福尼亚州和纽约市的碳排放交易政策。

加利福尼亚州于2013年开始实施碳排放交易政策，目标是到2025年实现50%的可再生能源发电。纽约市于2014年开始实施碳排放交易政策，目标是到2050年实现80%的可再生能源发电。两个地区的碳排放交易政策都取得了显著的成效，例如加利福尼亚州已经吸引了众多的清洁能源投资，而纽约市则通过碳排放交易政策减少了温室气体排放。

（二）国际碳排放交易政策的启示

1.设定合理的减排目标和减排策略

设定合理的减排目标和减排策略是实施碳排放交易政策的关键。欧盟和美国都设定了明确的减排目标和减排策略，并根据不同阶段的目标和策略进行调整和完善。我国在实施碳排放交易政策时，也应该设定明确的减排目标和减排策略，并根据不同阶段的目标和策略进行调整和完善。

2.建立完善的监管体系和数据监测体系

建立完善的监管体系和数据监测体系是实施碳排放交易政策的必要条件。欧盟和美国都建立了完善的监管体系和数据监测体系，确保了碳排放交易政策的公正、透明和有效实施。我国在实施碳排放交易政策时，也应该建立完善的监管体系和数据监测体系，确保政策的公正、透明和有效实施。

3.采取市场化的手段推动企业参与

采取市场化的手段推动企业参与是实施碳排放交易政策的核心。欧盟和美国都采取了市场化的手段推动企业参与碳排放交易政策，例如采取拍卖的方式分配碳排放权等。我国在实施碳排放交易政策时，也应该采取市场化的手段推动企业参与，促进企业之间的公平竞争和资源的优化配置。

4.加强政策协调和合作

加强政策协调和合作是实施碳排放交易政策的必要条件之一。欧盟和美国都加强了政策协调和合作，例如采取联合行动、提供资金支持等。我国在实施碳排放交易政策时，也应该加强政策协调和合作，促进不同部门、不同地区之间的协调配合和支持。

国际上已经实施了众多的碳排放交易政策，取得了一定的成效和经验。我国在实施碳排放交易政策时，可以借鉴国际经验，结合自身实际情况制定相应的政策和措施。同时应该加强政策协调和合作，促进不同部门、不同地区之间的协调配合和支持，最终实现减少温室气体排放、保护生态环境以及促进可持续发展的目标。

三、碳排放交易政策的实施措施与保障条件

碳排放交易政策是一种重要的环境经济政策，旨在通过市场化的手段，降低温室气体排放，保护环境，推动可持续发展。在实施碳排放交易政策的过程中，需要采取一系列措施和保障条件，确保政策的顺利实施和有效运行。

（一）碳排放交易政策的实施措施

1.建立完善的法律制度

实施碳排放交易政策需要建立完善的法律制度，明确碳排放权的分配方式、交易规则、监管体系等内容。同时，应加强法律的宣传和执行力度，提高企业和公众的法律意识和遵守意愿。

2.建立高效的监管体系

实施碳排放交易政策需要建立高效的监管体系，对碳排放权交易市场进行全面、公正、透明的监管和管理。同时，应加强对企业的监管和处罚力度，

防止企业违法排放和交易。

3.建立科学的碳核算体系

实施碳排放交易政策需要建立科学的碳核算体系，明确碳排放量的核算方法和标准，确保数据的准确性和可信度。同时，应加强数据的监测和披露，提高数据的准确性和可信度。

4.建立市场化的交易机制

实施碳排放交易政策需要建立市场化的交易机制，明确碳排放权的交易规则、价格机制、交易方式等内容。同时，应加强市场的开放和透明度，提高市场的竞争性和流动性。

5.加强宣传和教育

实施碳排放交易政策需要加强宣传和教育，提高公众和企业对碳排放交易政策的认识和理解。同时，应加强对企业和公众的培训和教育，提高企业和公众的参与度和积极性。

（二）碳排放交易政策的保障条件

1.政策支持

实施碳排放交易政策需要政府提供政策支持，包括财政资金支持、税收优惠政策、金融扶持政策等。政府应加大对碳排放交易政策的投入和支持力度，为政策的顺利实施提供保障。

2.技术支持

实施碳排放交易政策需要技术支持，包括碳排放量的监测技术、碳核算技术、碳排放权交易技术等。政府应加大对技术研发的投入和支持力度，为政策的顺利实施提供技术保障。

3.社会参与

实施碳排放交易政策需要社会参与，包括企业、公众、媒体等的参与和支持。政府应加大对社会参与的引导和支持力度，提高企业和公众的参与度和积极性。同时，应加强与国际组织和合作方的合作和交流，推动国际合作和共同发展。

碳排放交易政策是一种重要的环境经济政策，对于降低温室气体排放、保护环境、推动可持续发展具有重要意义。在实施碳排放交易政策的过程中，需要采取一系列措施和保障条件，包括建立完善的法律制度、高效的监管体系、科学的碳核算体系、市场化的交易机制、加强宣传和教育等方面的工作。同时，需要政府提供政策支持、技术支持和社会参与等方面的保障条件，确保政策的顺利实施和有效运行。只有这样才能够实现碳排放交易政策的预期效果和目标。

参考文献

[1]楚海虹. 提升"含绿量" 降低"含碳量"[N]. 中国石油报, 2023-08-17(005).

[2]王震, 孔盈皓. 中国油气供需结构研究综述[J]. 石油科学通报, 2023, 8(4): 502-511.

[3]高新伟, 王瑾. 石油行业要锚定四个主要发展路径[J]. 中国石化, 2023(3): 51-53.

[4]吉利洋, 曹学博, 杨剑, 等. 双碳战略下天然气发电在石油钻探行业的应用前景[J]. 能源与节能, 2022(12): 70-72,163.

[5]李月清. 石油石化行业在"双碳"目标中的"减"与"加"[J]. 中国石油企业, 2022(11): 39-40.

[6]李子旭, 牛黎明, 安宝晶. "双碳"目标下油气行业的机遇与挑战[J]. 能源与节能, 2022(10): 158-161.

[7]夏湘骁. 我国石油行业发展战略探讨[J]. 科技经济市场, 2022(10): 13-15.

[8]孙仁金, 胡启迪, 荆璐瑶, 等. 石油石化行业助力中国实现"双碳"目标实施建议[J]. 油气与新能源, 2022, 34(3): 19-23.

[9]李明丰, 吴昊, 沈宇, 等. "双碳"背景下炼化企业高质量发展路径探讨[J]. 石油学报(石油加工), 2022, 38(3): 493-499.

[10]孙明华, 王继勇, 董雷, 等. 这一年, 格局生变——2021国内石油石化行业八大事件[J]. 国企管理, 2022(2): 46-48,50-53,55-60.

[11]朱天白, 王忠禹. "双碳"形势下石油石化行业发展的思考[J]. 当代化工, 2021, 50(11): 2644-2647.

[12]隋晓影. "双碳"背景下中国石油行业面临重大变革[J]. 中国石化, 2021(9): 40-42.